生き物の死にざま

稲垣栄洋

草思社文庫

生き物の死にざま　目次

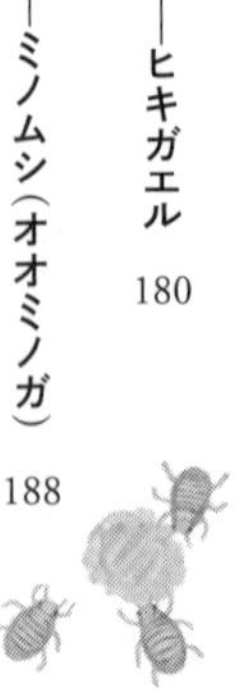

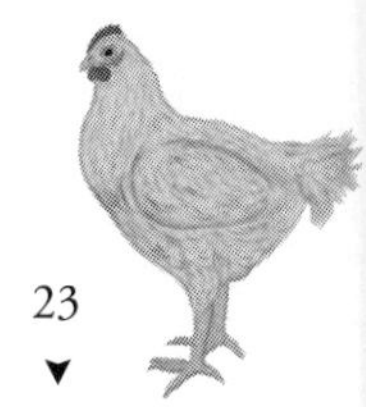

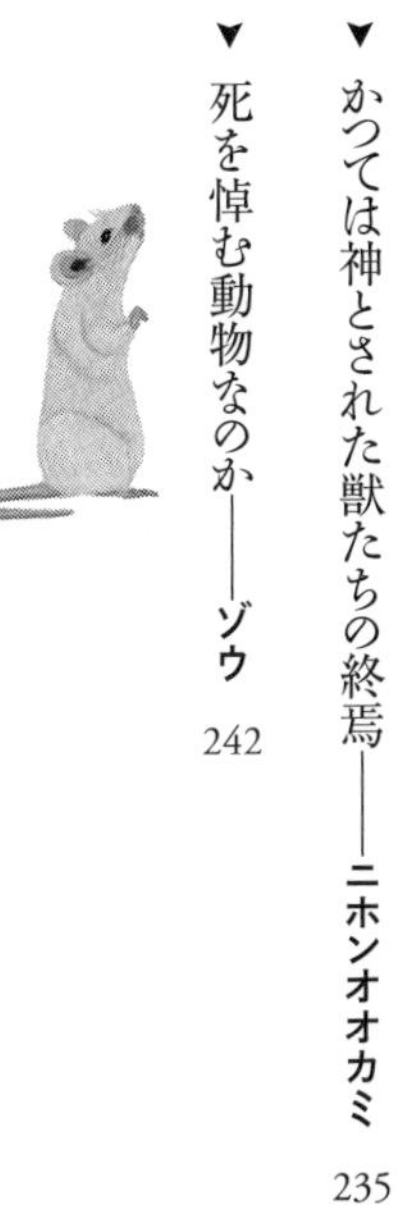

生き物の死にざま

1▼空が見えない最期

セミ

セミの死体が、道路に落ちている。

セミは必ず上を向いて死ぬ。昆虫は硬直すると脚が縮まり関節が曲がる。そのため、地面に体を支えていることができなくなり、ひっくり返ってしまうのだ。

死んだかと思ってつついてみると、いきなり翅(はね)をばたつかせてみたりする。最後の力を振り絞ってか「ジジジ……」と体を震わせて短く鳴くものもいる。

別に死んだふりをしているわけではない。彼らは、もはや起き上がる力さえ残っていない。死期が近いのである。

仰向けになりながら、死を待つセミ。彼らはいったい、何を思うのだろうか。彼らの目に映るものは何だろう。

澄み切った空だろうか。夏の終わりの入道雲だろうか。それとも、木々から漏れる太陽の光だろうか。

ただ、仰向けとは言っても、セミの目は体の背中側についているから、空を見ているわけではない。昆虫の目は小さな目が集まってできた複眼で広い範囲を見渡すことができるが、仰向けになれば彼らの視野の多くは地面の方を向くことになる。

もっとも、彼らにとっては、その地面こそが幼少期を過ごしたなつかしい場所でもある。

「セミの命は短い」とよく言われる。

セミは身近な昆虫であるが、その生態は明らかにされていない。セミは、成虫になってからは一週間程度の命と言われているが、最近の研究では数週間から一カ月程度生きるのではないかともいう。

とはいえ、ひと夏だけの短い命である。

しかし、短い命と言われるのは成虫になった後の話である。セミは成虫になるまでの期間は土の中で何年も過ごす。

昆虫は一般的に短命である。昆虫の仲間の多くは寿命が短く、一年間に何度も発生して短い世代を繰り返す。寿命が長いものでも、卵から孵化(ふか)して幼虫になってから、成虫となり寿命を終えるまで一年に満たないものが、ほとんどである。

その昆虫の中では、セミは何年も生きる。じつに長生きな生き物なのである。

一般に、セミの幼虫は土の中で七年過ごすと言われている。そうだとすれば、幼稚園児がセミをつかまえたとしたら、セミの方が子どもよりも年上ということになる。

ただし、セミが何年間土の中で過ごすのかは、実際のところはよくわかっていない。何しろ土の中の実際のようすを観察することは容易ではないし、仮に七年間を過ごすとすれば、生まれた子どもが小学生になるくらいの年数観察し続けなければならない。そのため、簡単に研究はできないのだ。土の中での生態については、未だ謎が多いのである。

それにしても、多くの昆虫が短命であるのに、どうしてセミは何年間も成虫

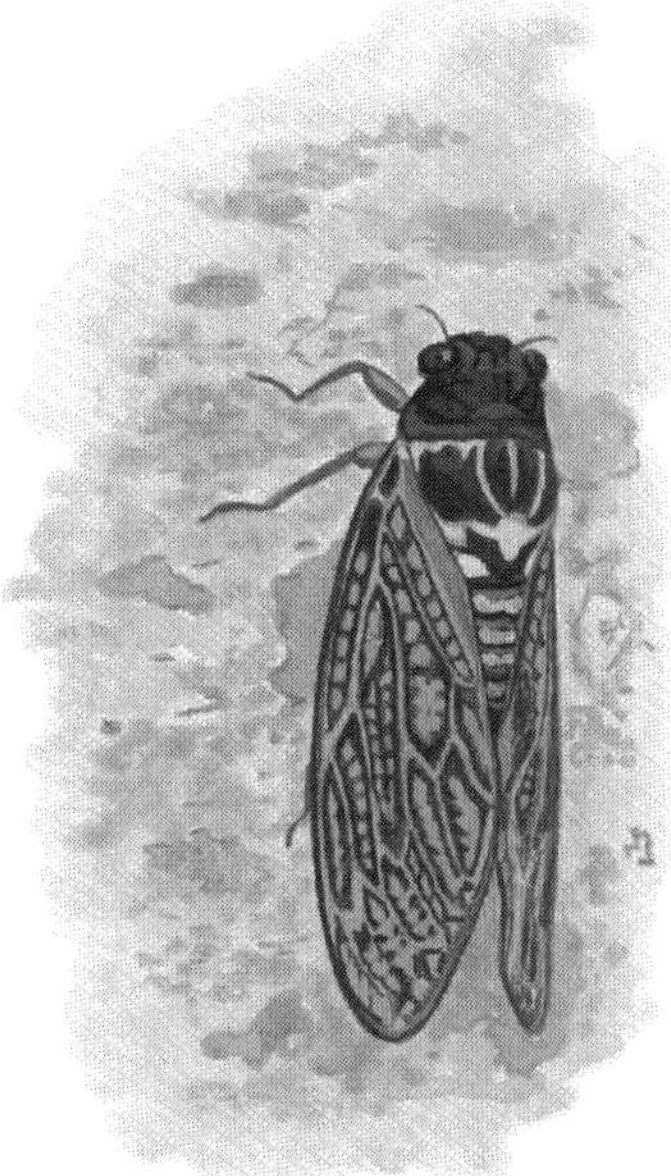

になることなく、土の中で過ごすのだろう。

セミの幼虫の期間が長いのには、理由がある。

植物の中には、根で吸い上げた水を植物体全体に運ぶ導管（どうかん）と、葉で作られた栄養分を植物体全体に運ぶ篩管（しかん）とがある。

セミの幼虫は、このうちの導管から汁を吸っている。導管の中は根で吸った水に含まれるわずかな栄養分しかないので、成長するのに時間がかかるのである。

一方、活動量が大きく、子孫を残さなければならない成虫は、効率よく栄養を補給するために篩管液を吸っている。ただ、篩管液も多くは水分なので、栄養分を十分に摂取するには大量に吸わなければならない。そして、余分な水分をおしっことして体外に排出するのである。

セミ捕り網を近づけると、セミはあわてて飛び立とうと翅の筋肉を動かし、体内のおしっこが押し出される。これが、セミ捕りのときによく顔にかけられたセミのおしっこの正体である。

夏を謳歌(おうか)するかのように見えるセミだが、地上で見られる成虫の姿は、長い幼虫期を過ごすセミにとっては、次の世代を残すためだけの存在でもある。オスのセミは大きな声で鳴いて、メスを呼び寄せる。そして、オスとメスはパートナーとなり、交尾を終えたメスは産卵するのである。

これが、セミの成虫に与えられた役目のすべてである。

繁殖行動を終えたセミに、もはや生きる目的はない。セミの体は繁殖行動を終えると、死を迎えるようにプログラムされているのである。

木につかまる力を失ったセミは地面に落ちる。飛ぶ力を失ったセミにできることは、ただ地面にひっくり返っていることだけだ。わずかに残っていた力もやがて失われ、つついても動かなくなる。

そして、その生命は静かに終わりを告げる。死ぬ間際に、セミの複眼はいったい、どんな風景を見るのだろうか。

あれほどうるさかったセミの大合唱も次第に小さくなり、いつしかセミの声もほとんど聞こえなくなってしまった。

気がつけば、まわりにはセミたちのむくろが仰向けになっている。夏ももう終わりだ。

季節は秋に向かおうとしているのである。

2▼子に身を捧ぐ生涯

ハサミムシ

石をひっくり返してみると、ハサミムシがハサミを振り上げて威嚇(いかく)してくることがある。

ハサミムシはその名のとおり、尾の先についた大きなハサミが特徴的である。昆虫の歴史をたどると、ハサミムシはかなり早い段階に出現した原始的な種類である。

ゴキブリも「生きた化石」と呼ばれるほど原始的な昆虫の代表である。ゴキブリには、長く伸びた二本の尾毛が見られる。この尾毛は原始的な昆虫によく見られる特徴である。

ハサミムシのハサミは、この二本の尾毛が発達したものと考えられている。ハサミムシは、サソリが毒針を振り上げるように、尾の先についたハサミを振りかざして、敵から身を守る。また、ダンゴムシや芋虫などの獲物を見つけるとハサミで獲物の動きをとめてゆっくりと食らいつく。

石をひっくり返すと、石の下に身を潜めていたハサミムシが、いきなり明るくなったことに驚いて、あわてふためいて逃げ惑う。

ところが、である。なかには逃げずに動かないハサミムシもいる。

どうやら、ただじっとして隠れているわけではなさそうだ。その証拠に、このハサミムシは、勇敢にハサミを振り上げて、人間をも威嚇してくるのである。

石をひっくり返したときにハサミで威嚇してくるハサミムシとは、どのような素性を持つのだろう。

見れば、そんなハサミムシのかたわらには、産みつけられた卵がある。

じつは逃げずに動かないこのハサミムシは卵の母親である。母であるメスのハサミムシは、大切な卵を守るために、逃げることなくその場でハサミを振り上げるのである。

昆虫の仲間で子育てをする種類は極めて珍しい。

昆虫は自然界では弱い存在である。カエルやトカゲの仲間、鳥や哺乳類など、さまざまな生き物が昆虫を餌にする。そんな昆虫の親が子どもを守ろうとしても、親ごと食べられてしまうことだろう。これでは元も子もない。そのため多くの昆虫は、子どもを保護するのをあきらめて、卵を産みっぱなしにせざるを得ないのである。

そのような中でも子育てをする昆虫はいる。たとえば、小魚やカエルさえ餌にする肉食の水棲昆虫のタガメも子育てをする。あるいは、昆虫ではないが、毒針という強力な武器を持つサソリは子育てをする動物である。また、他の昆虫を餌にするクモの仲間にも子育てをするものがいる。

厳しい自然界で、子どもを守り育てる「子育て」という行為は、子どもを守る強さを持つ生き物だけに許された、特権なのである。

サソリの毒針ほど強力ではないが、ハサミムシは「ハサミ」という武器を持っている。そのため、ハサミムシは親が卵を守る生き方を選択した。

虫の子育てでは、母親が卵を守るものと父親が卵を守るものとがいる。サソリやクモは母親が卵を守る。一方、タガメは父親が卵を守る。

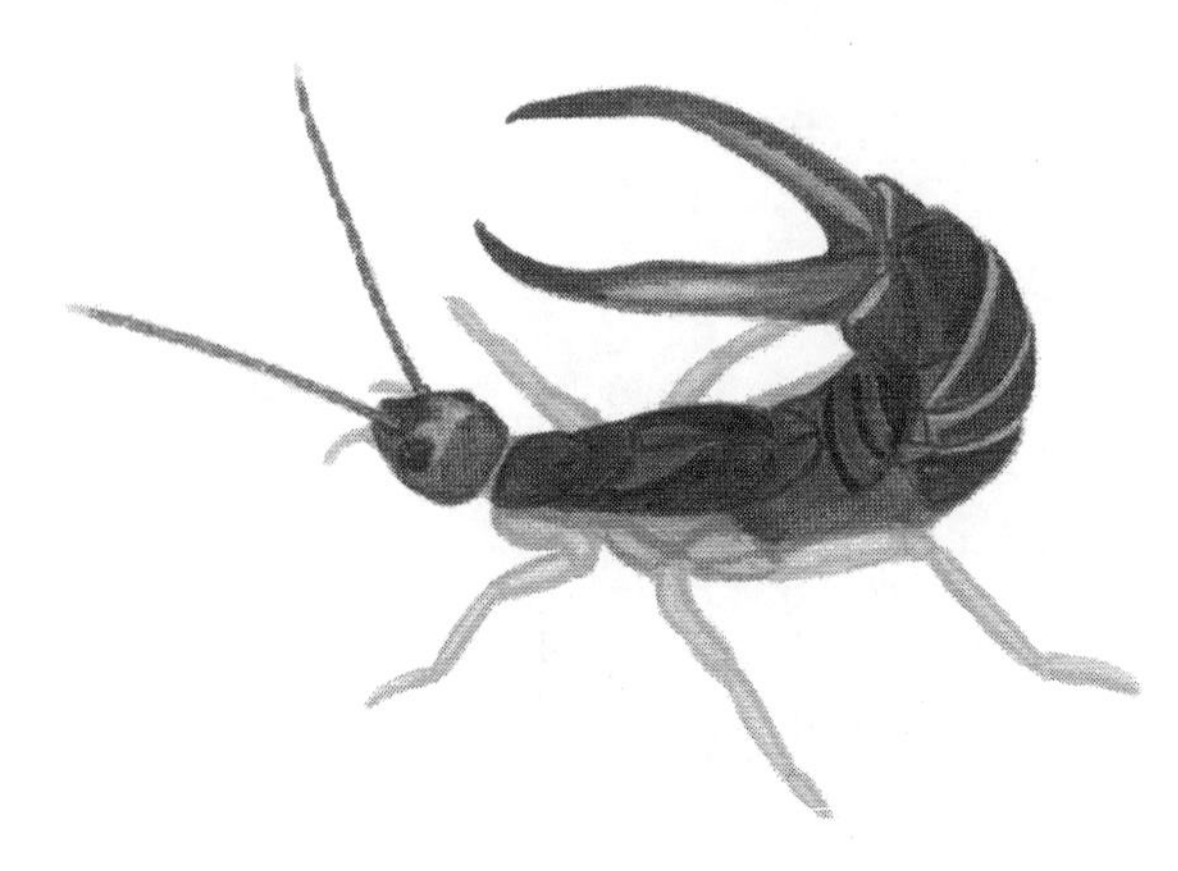

ハサミムシの卵を守るのは母親だ。ハサミムシの母親が卵を産むとき、父親はすでに行方がわからなくなっている。子どもが父親の顔を知らないのは自然界ではごく当たり前のことである。

ハサミムシは成虫で冬を越し、冬の終わりから春の初めに卵を産む。

石の下のハサミムシの母親は、産んだ卵に体を覆いかぶせるようにして、卵を守っている。そして、卵にカビが生えないように一つ一つ順番にていねいになめたり、空気に当てるために卵の位置を動かしたりと、丹念に世話をしていく。

卵がかえるまでの間、母親は卵のそばを離れることはない。もちろん、母親は餌を口にする時間もない。餌を獲ることもなく飲まず食わずで、ずっと卵の世話をし続けるのである。

ハサミムシの卵の期間は、昆虫の中でも特に長く四〇日以上もあるとされている。長い場合は、卵がかえるまでに八〇日かかった観察もある。その間、片時も卵のそばを離れることなく、卵を守り続けるのである。

そして、ついに卵がかえる日がやってくる。待ちわびた愛する子どもたちの誕生である。

しかし、母親の仕事はこれで終わりではない。ハサミムシの母親には、大切な儀式が残されている。

ハサミムシは肉食で、小さな昆虫などを餌にしている。しかし、孵化したばかりの小さな幼虫は獲物を獲ることができない。幼虫たちは、空腹に耐えながら、甘えてすがりつくかのように母親の体に集まっていく。

これが儀式の最初である。

いったい、何が始まろうとしているのだろうか。

あろうことか、子どもたちは自分の母親の体を食べ始める。

そして、子どもたちに襲われた母親は逃げるそぶりも見せない。むしろ子どもたちを慈しむかのように、腹のやわらかい部分を差し出すのだ。母親が意図して腹を差し出すのかどうかはわからない。しかし、ハサミムシにはよく観察される行動である。

何ということだろう。ハサミムシの母親は、卵からかえった我が子のために、自らの体を差し出すのである。

そんな親の思いを知っているのだろうか。ハサミムシの子どもたちは先を争うように、母親の体を貪り食う。

残酷だと言えば、そのとおりかもしれない。しかし、幼い子どもたちは、何かを食べなければ飢えて死んでしまう。母親にしてみれば、それでは、何のために苦労をして卵を守ってきたのかわからない。

母親は動くことなく、じっと子どもたちが自分を食べるのを見守っている。それでも、石をどければ疲れ切った体に残る力を振り絞って、ハサミを振り上げる。それが、ハサミムシの母親というものだ。

母親は少しずつ少しずつ、体を失っていく。しかし、失われた体は、子どもたちの血となり肉となっていくのだ。

遠ざかる意識の中で、彼女は何を思うのだろう。どんな思いで命を終えようとしているのだろうか。

子育てをすることは、子どもを守ることのできる強い生き物だけに与えられた特権である。そして数ある昆虫の中でもハサミムシは、その特権を持っている幸せな生き物なのである。

そんな幸せに包まれながらハサミムシは、果てていくのだろうか。

子どもたちが母親を食べ尽くした頃、季節は春を迎える。そして、立派に成長した子どもたちは石の下から這(は)い出て、それぞれの道へと進んでいくのである。

石の下には母親の亡骸(なきがら)を残して。

3▼母なる川で循環していく命

サケ

サケは、生まれ育ったふるさとの川へと戻ってくると言われている。

彼らにとっては、長い長い旅路であったことだろう。

川で生まれたサケの稚魚は川を下り、やがて外洋で旅を続ける。日本の川で生まれたサケは、オホーツク海からベーリング海へ進み、そこからさらにアラスカ湾を旅する。

大海原（おおうなばら）を移動しながら暮らすサケの生態は十分には明らかにされておらず、謎に満ちている。しかし、川に遡上（そじょう）してくるサケは四年目の個体が多いことから、サケたちは海で数年間暮らし、成熟して大人になったサケたちが生まれた場所を目指して最後の旅に出ると考えられている。

故郷の川を旅立ってから、再び故郷に戻ってくるまでの行程は一万六〇〇〇キロメートルにも及ぶと言われている。この距離は、地球の円周の半分にも達しそうな距離だ。その旅は危険に満ちた壮絶なものだったことだろう。

それにしても……サケたちは、どうして故郷の川を目指すのだろう。

人間も、年齢を経ると故郷が恋しくなるという。サケたちも、あるときふと故郷のことを思い出すのだろうか。

もちろんサケたちが故郷を目指すのには理由がある。サケたちは故郷の川に遡上して卵を産む。そして新しい命を宿すと、自らは死んでゆく宿命にあるのだ。

サケたちにとって、故郷への出発は、死出の旅である。

彼らはその旅の終わりを知っているのだろうか。もし、そうだとすれば、彼らを危険に満ちた死出の旅に誘うものは何なのだろう。

サケたちにとって次の世代を残すことは重要な仕事である。しかし、何も卵を産むのは故郷の川でなくてもよさそうなものだ。

どうしてこんなに困難な旅をしてまで、故郷の川を目指すのか。そして、いつからサケたちはそんな一生を送るようになったのか。残念ながら、その理由は明確にはなっていない。

生物の進化をたどると、かつてすべての魚類は海洋を棲(す)みかとしていた。やがて、魚類は多種多様な進化を遂げて、海は食うものと食われるものという厳しい弱肉強食の世界となっていった。そして、捕食者から逃れるために、食われるものであった弱い魚の一部は、棲みやすい海から逃れて、魚にとっては未知の環境である河口へと移り住んだのである。

河口は海水と淡水が混ざる汽水(きすい)域と呼ばれる場所である。海の塩分濃度に適応した魚たちにとって、そこは命を落としかねない危険な場所である。それでも、迫害を受けた競争に弱い魚たちは、そこに棲むしかなかった。

しかし、やがては餌を求める捕食者たちも汽水域に適応して侵出してくる。すると、弱い魚たちは逃れるようにさらに塩分濃度の低い川へと向かい生息地を見つけていったのである。現在、川や池に棲む淡水魚は、こうした弱い魚たちの子孫であると考えられている。

ところが、こうした淡水魚たちの中には、再び広い海に向かうことを選択したものもいる。サケやマスなどのサケ科の仲間がその例である。

サケやマスなどのサケ科の仲間の魚は寒い地域の川に分布している。このような水温の低い川では十分な餌がない。そのため、一部のサケ科の魚たちは餌を求めて再び、海洋に出るようになったと考えられている。そして、餌の豊富な海で育つことによって、たくさんの卵を産むことのできる巨大な体を手に入れるようになったのである。

それでは、どうして、餌の豊富な海へ向かったサケ科の魚たちは、卵を産むときには、川をさかのぼるのだろうか。

海は天敵が多く、危険に満ちた場所である事実は、現代でも何一つ変わらない。進化したサケたちにとっても海は危険な場所なのだ。

たくさんの卵を産むとは言っても、無防備な卵を海にばらまけば、大切な卵は恐ろしい魚の餌食になるだけだ。そのため、サケは大切な卵の生存率を高めようと、自らの危険を顧みずに川に戻るのである。

母なる川を目指すサケたちの死出の旅。

それにしても遠く離れた故郷の川に、どのようにして迷わずたどりつくことができるのだろう。サケたちは川の水の匂いで、故郷の川がわかるとも言われているが、そんなことだけで故郷がわかるのだろうか。本当に不思議である。

長く危険な旅の末に、なつかしい川を探し当てたとしても、まったく安心することはできない。

故郷の川とはいえ、海水で育ったサケたちにとって、塩分の少ない川の水は思いのほか危険なものでもある。そのため、サケたちは自分たちの体が川の水に慣れるまで、しばらくは河口で過ごさなければならないのだ。

このとき、サケたちは姿を変えていく。その体は美しく光沢し、赤い線が浮かび上がる。まるで、成人の儀式を祝う鮮やかな民族衣装のようである。

オスたちの背中は盛り上がって筋肉隆々(りゅうりゅう)だ。下あごは曲がって、何とも男らしい姿になる。ふるさとの川を目指す最後の旅を控えて、鋭い目は自信に満ちあふれているように見える。メスたちは、体全体が美しく丸みを帯びて、まばゆいほどに魅力的だ。どのサケも、川を下った稚魚のときとは見違えるほどに立派に成長している。

準備が整いサケの遡上が見られるのは、秋から冬にかけてである。

サケたちはいよいよ群れとなって川へと進入する。なつかしい故郷を目指す旅とはいえ、もうここからは自分たちの暮らしてきた海ではない。故郷を目指すサケたちには、容赦(ようしゃ)なく困難が襲いかかる。

河口では、川を上るサケを待ち受けて、漁師たちが網を打つ。網につかまっては、一巻の終わりだ。

何とか漁網をかいくぐったかと思えば、次はクマの爪が水の中へと襲いかかってくる。川を上りきる前に命を落とすサケも多い。

しかし、困難は終わらない。
川と海とはつながっているから、さかのぼれば上流にたどりつけると思うかもしれないが、それは昔の話である。

現在では、川の水量を調節したり、土砂の流出を防ぐための堰（せき）や、水資源を確保するためのダムなどの人工物が河川のあらゆる場所に作られて、サケの進路を阻む。

巨大な建造物を目の前にしてサケたちは何度もジャンプを試みる。何度、失敗しても、何度、打ちのめされても、サケたちは挑戦をやめようとしない。これが祖先たちの克服してきた自然の滝であれば、祖先がそうしたように滝を越

えていくこともできるのであろう。しかし、サケたちの前にあるのは、先人たちは経験したことのない巨大なコンクリートの壁である。
多くのサケたちは、これを乗り越えることができず、故郷を見ることなく力尽き、死んでしまう。
最近では、「魚道（ぎょどう）」と呼ばれる遡上する魚たちのための通り道が設けられることもあ

るが、必死なサケたちにそんなことはわかるはずもない。偶然に魚道に出くわした一部の魚が、そこを遡上していくだけで、魚道を利用する魚は人間が思うほど多くないと言われている。多くのサケは魚道に気がつかないいま、志半ばにして旅を終えることになる。

上流部に進めば川は浅くなり、ごつごつとした川底の石が行く手を阻む。それでもサケは、必死に川を上っていく。それはもはや泳いでいるというより、のたうちまわっているようにしか見えない。美しかったサケの体は、傷つき、ひれも尾もボロボロになる。それでも、彼らは少しずつ、しかし確実に上流を目指していく。

何が彼らを、ここまでかきたてるのだろう。

川の上流部にたどりつき、卵を残したサケたちは、やがて死にゆく運命にある。

彼らは、この旅のゴールに死が待っていることを知っているのだろうか。

サケたちは、河口から川に進入すると、もはや餌を獲ることはない。海を棲みかとしてきた彼らにとって、川には適当な餌がないという事情もあるだろう。しかし、彼らはどんなに空腹になっても、どんなに疲労がたまろうと、上流を目指して、川を上り続ける。時間を惜しむかのように、残された時間と戦うかのように、彼らはただ、ひたすらに上流を目指し続けるのである。

まるで、死が近づいていることを知っているかのように、彼らは他のものには目もくれずに、ただ上り続けるのである。

サケたちは死に向かって川をさかのぼる。そして、川をさかのぼる力こそが、彼らの生の力なのだ。

そして……ついに、と言うべきだろう。彼らは故郷である川の上流にたどりつく。迎えてくれるのは、なつかしい川の匂いだ。

サケたちはここで愛すべきパートナーを選び、卵を残す。この瞬間、この時のために、彼らは長く苦しい旅を続けてきたのだ。

サケのメスは川底を掘って卵を産むと、オスのサケは精子をかける。そして、オスに守られながらメスは尾びれでやさしく卵に砂利をかけて産卵床を作るのである。

サケは繁殖行動が終わると死ぬようにプログラムされている。最初の繁殖を行った後、サケのオスも死へのカウントダウンが始まるが、彼らは自らの命が続く限り、メスを探し続け、自らの体力の限り、繁殖行動を繰り返す。こうして、オスのサケの命は尽きてゆく。

卵を産み終えたメスの方は、しばらくの間、卵に覆いかぶさって卵を守っている。しかし、やがて彼女もまた力尽き、横たわる。

過酷な旅の末に体力が消耗したわけではない。大仕事を終えたという安堵感に力が抜けてしまったわけでもない。

メスのサケもまた、繁殖行動を終えると死を迎えるようにプログラムされているのだ。そして、無事に繁殖行動を終えたとき、その運命を知っていたかのように、サケたちは静かに横たわるのである。

人は死ぬ間際に、生まれてからの一生を走馬灯のように思い返すという。サケたちはどうだろう。彼らの脳裏に浮かぶ思いは何だろう。

苦しそうに、しかし満足げに彼らは横たわる。もはや体を支える力もない。できることは、ただ、口をパクパクと動かすことだけだ。

そして、彼らは静かに死を受け入れる。故郷の川の匂いに包まれて、彼らはその生涯を終えるのである。

次々と息絶えたサケたちを、せせらぎが優しくなでていく。

この小さな川の流れが、次第に集まって、大河となる。そして、その流れは大いなる海原へとつながっているのだ。

季節はめぐり、春になると、産み落とされた卵たちはかえり、小さな稚魚たちが次々に現れる。

川の上流部は大きな魚もいないので、子どもたちにとっては安心な場所である。しかし、水が湧き出したばかりの上流部には、栄養分が少なく、子どもたちの餌になるプランクトンが少ない。

ところが、である。

サケが卵を産んだ場所には、不思議とプランクトンが豊富に湧き上がるという。

息絶えたサケたちの死骸は、多くの生き物の餌となる。そして、生き物たちの営みによって分解された有機物が餌となり、プランクトンが発生するのである。このプランクトンが、生まれたばかりのか弱い稚魚たちの最初の餌となる。

まさに、親たちが子どもたちに最後に残した贈り物だ。

やがて、サケの子どもたちが、川を下る日が来ることだろう。そして、海で成長した彼らは、この故郷の川を思い、帰郷の旅に出る日も来るのだろう。

父もその父も、母もその母も、誰もがこの旅を経験してきた。子どもたちもその子どもたちにも、この旅は受け継がれていくことだろう。

こうして、サケの命は循環しているのだ。


しかし現代。サケたちが直面する現実は厳しい。

堰やダムによって川の上流部の多くは海とつながっていない。

さらに、人々はサケを好んで食べる。メスのサケが腹に宿したいくらも人間の好物だ。

そのため、ほとんどのサケたちが河口で人間たちに一網打尽（いちもうだじん）にされる。もちろん、すべて食べてしまってはサケがいなくなってしまうから、サケを守るために腹からは卵が取り出され、人工的に孵化が行われる。そして、生まれた稚魚が川に放流されるのである。

サケの命はつながっている。

しかし、もはやサケにとっては自らの力で卵を産むことも、故郷の川で死ぬことも果たせぬ遠い夢なのである。

4 ▼ 子を想い命がけの侵入と脱出

アカイエカ

彼女に与えられたミッションはこうだ。

何重にも張り巡らされた防御網を突破して、敵の隠れ家の奥深くに侵入する。そして、敵に気づかれないように、巨大な敵の体内の目標物を奪う。もちろん、それで終わりではない。そこからさらに防御網をかいくぐって見事に脱出し、無事に帰還しなければならないのだ。

こんなハードなミッションを成し遂げるヒロインを主人公にすれば、ハリウッド映画顔負けの大作となること間違いないだろう。

このヒロインこそが、私たちの血を吸いにやってくるメスの蚊である。

蚊はメスだけが血を吸うのである。

蚊はメスもオスも、ふだんは花の蜜や植物の汁を吸って暮らしている。じつに穏やかな昆虫なのだ。

ところが、あるときメスの蚊は吸血鬼となる。

メスの蚊は卵の栄養分として、たんぱく質を必要とする。しかし、植物の汁だけでは十分なたんぱく質を得られない。そのため、動物や人間の血を吸わなければならないのである。憎たらしい吸血鬼も、その正体は、わが子のために命を賭ける一途な母親の姿だったのである。

それでは、オスの蚊はどうだろう。

卵を産まないオスの蚊は危険を冒して、人間や動物の血を吸う必要はない。

家の外では、無数のオスの蚊が集まって飛びながら、蚊柱を作っている。オスの蚊は集団で羽音を立ててメスの蚊を呼び寄せ、蚊柱にやってきたメスの蚊はその中からパートナーを選び、交尾をするのである。そして交尾を終えたメスの蚊は決死の覚悟で家の中へと向かっていくのである。

蚊の一生は短い。

古いバケツや空き缶などにたまったわずかな水があれば、蚊は産卵できる。メスが水面に産みつけた卵は、数日で孵化した後、一～二週間という短い間に成長して成虫となる。わずかな水が干上がるまでの間に、蚊は飛び立つことができるのである。

そして、メスの蚊は血を吸って卵を産む。これを繰り返しながら、蚊の成虫は運が良ければ一カ月程度生きる。

蚊は、一年間の間に、この短いサイクルを繰り返して世代を更新していくのだ。

私たちの身のまわりにいる蚊は、主に茶褐色のアカイエカと白黒模様のヒトスジシマカである。ヒトスジシマカは庭の藪などによく潜んでいて、別名を「やぶ蚊」と言う。一方、アカイエカは「赤家蚊」の名前のとおり、果敢に家の中に侵入してくるのである。

人間の血を吸う蚊は、何とも嫌な害虫だが、蚊の気持ちになってみるとどうだろう。しかも、我が子のために決死の覚悟で人間の家に侵入する蚊の立場である。

まず、家の中に侵入するというのが、相当に困難を極める。

開けっ放しだった昔と違って、機密性の高い現代の家では侵入経路が限られる。家の網戸をかいくぐるか、人間がドアや窓を開閉したのと同時に侵入するくらいだろうか。

何とか家の中に侵入できたとしても、蚊取り線香や

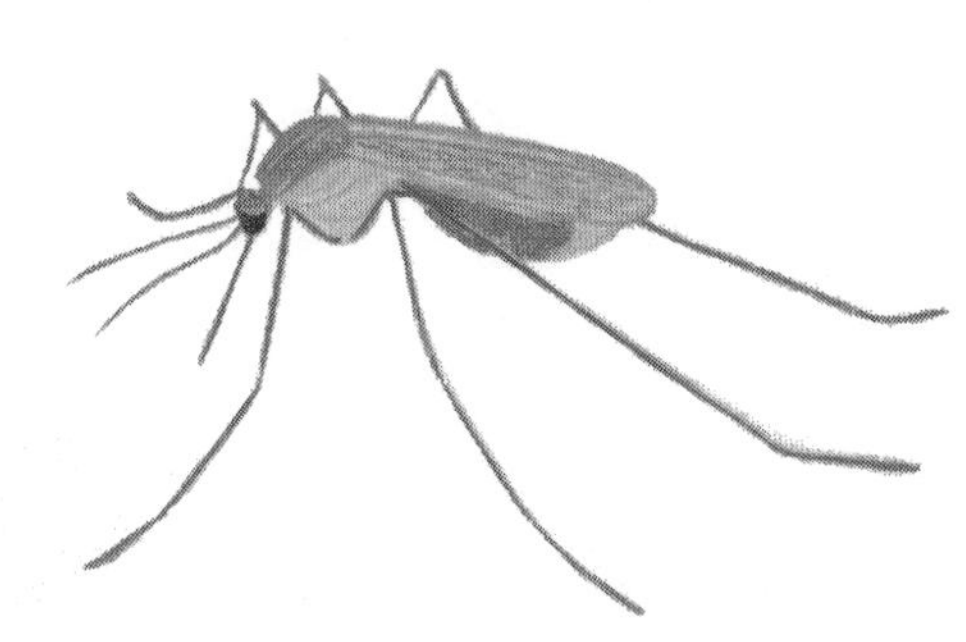

虫よけ剤の罠が待ち受けている。人間にとっては何でもないが、小さな蚊にとっては、命を奪う強烈な毒ガスである。

部屋にたどりついてからが、さらに大変だ。

まず、ターゲットとなる人間を見つけなければならない。蚊は人間の体温や吐く息から人間の存在を感知する。ここからが大仕事である。

人間がうたた寝でもしていてくれればいいが、そうでなければ、気づかれないように人間に近づかなければならない。もし、飛んでいるところを見つかれば、両手でピシャリと打たれて、一巻の終わりだ。

そして、そっと人間の肌に着地し、血を抜き取らなければならないのだ。もちろん、すべての作業を誰にも気づかれることなく完了させなければ、命がない。

血を吸うために特殊な進化を遂げた蚊にとっても、血を吸う作業は、けっして簡単なことではない。

肌に着地するだけでも相当に危険なのに、さらに肌に針を突き刺さなければならないのだ。もちろん、姿は丸見えで隠れる場所はない。

何とかターゲットの肌に着地した一匹の蚊が、気づかれないように、ターゲットの腕に針のような口を挿し込んだ。蚊の口は一本の針のようになっていると思われているが、実際には、六本の針が仕込まれている。

彼女が最初に使うのは、六本のうちの二本の針である。この針の先端にはのこぎりのようなギザギザした刃がついている。昔、忍者が建物に侵入する際に「しころ」という小さなのこぎりを使ったというが、ちょうど、そのような感じだろうか。そういえば、忍者の世界にも「くのいち」という女性の忍者がいたらしい。

彼女は、二本の針についた刃をメスのように使って人間の肌を切り裂いていく。もちろん、気づかれないように、である。

別の二本は、肌が開いた状態で固定させるためのものである。人間の手術では、開口部を「開創器（かいそう）」という器具で固定するが、ちょうど、そんな感じだ。

そして、開かれた口に残りの二本の針を射し込んでいく。

このうち一本は血を吸うためのものだが、もう一本は唾液（だえき）を血管の中に注入していく。この唾液の中には、麻酔成分が含まれていて、肌を切り開いた痛みが感じにくいようになっている。さらに、麻酔成分には血液の凝固を防ぐ役割もある。もし、この唾液を注入しなければ、血液は蚊の体の中で固まってしまい、蚊は血を吸ったまま死んでしまうのだ。

まさに命がけのミッションである。

血を吸う作業は、どんなに急いでも二～三分はかかる。メスの蚊にとっては、とてつもなく長い時間に感じられることだろう。

昔の泥棒で言えば、家人に気がつかれないように、金庫のダイヤルを回しているときのような心境だろうか。スパイ映画にたとえれば、敵のアジトに侵入し、ホストコンピュータにログインしてデータを抜き取るときのようなスリルだろうか。

気づかれないように……さあ、もう少し……もう少しだ。

何とか血を吸い終わったとしても、ミッションは終わりではない。本当に大変なのは、ここからである。

蚊の幼虫であるボウフラは水中で生活する。そのため、メスの蚊は、水の上に産卵しなければならないのである。しかも、水道水のようなきれいな水ではボウフラが育つための栄養分がない。有機物があり、ボウフラの餌になるようなプランクトンが湧いている汚い水でなければならないのだ。メスの蚊は、自らが水を吸ってボウフラが成長するのに適した水かどうかを確かめてから産卵する。しかし、そのような場所は清潔な家の中にはない。そこで今度は、産卵のために、家の外へと脱出しなければならないのである。

この物語の主人公である彼女も、血を無事に吸い終わったようだ。

しかし、ここからがいよいよ物語の後半である。彼女は見事脱出に成功し、産卵をするという生物にとってもっとも重要なミッションを成し遂げることができるだろうか。

何しろ、家に侵入することも難しいが、そこから脱出するのはさらに難しい。家に侵入するときには、偶然に網戸の隙間を見つけたかもしれないが、再び、同じ隙間にたどりつける確率はゼロに近い。そうだとすれば、新たな場所を見つけなければならないのだ。

もちろん、現代の家は機密性が高い。そんなに簡単に脱出できる場所が見つかるようにはとても思えない。

それだけではない。

蚊の体重は二〜三ミリグラムだが、血を吸った後は、五〜七ミリグラムにもなる。重い血液を抱えてふらふらと飛びながら、人間に打たれないように帰還しなければならないのだ。

何という困難なミッションなのだろう。

血をたっぷりと体に詰め込んだ彼女は、重い体でフラリと空中へ飛び立った。しかし、体がふらついてなかなか姿勢が安定しない。思うようにうまく飛べないのだ。

それでも彼女は、懸命に翅（はね）を動かした。

こんなところであきらめるわけにはいかない。彼女のお腹の中には、新たな命が宿っているのだ。何とか出口を見つけなければ……どこかに出口はないか。

そのときである。

彼女は、かすかな空気の流れを感じた。もしかすると、どこかの窓に隙間があるのかもしれない。もし、映画のワンシーンであれば彼女はそっとほくそ笑んだかもしれない。

しかし、この一瞬の喜びが、彼女に一瞬の油断をもたらしたのだろうか。

「ピシャリ」

空気を切り裂く大きな音がした。

ふらふらと飛んでいる蚊を見つけて、誰かが平手を打ったのだ。

その手のひらには、真っ赤な血がべったりとついている。

「嫌だわ。手に血がついちゃった」

人間は、ペチャンコになった彼女の体を乱暴にティッシュペーパーでふき取ると、それをゴミ箱に放り捨てた。

もう夕暮れである。

外の木陰には、蚊柱ができていた。

ただ、それだけの夕暮れである。

5▼三億年命をつないできたつわもの

カゲロウ

人の命の一生のはかなさをたとえて「かげろうの命」と言う。

カゲロウはトンボに似た昆虫だが、昆虫のように颯爽と飛ぶことはできない。飛ぶ力は弱く、風に舞うかのように空中を飛ぶ。

空気がゆらゆらと揺らめいて見えることを陽炎と言う。カゲロウは、この陽炎のように不確かではかないことから名付けられたと言われている。あるいは、ゆらゆらと飛ぶようすが、陽炎のように見えたからという説もある。

いずれにしても、弱々しい虫というイメージがあるのだ。

さらに、この弱々しい虫は、成虫になって一日で死んでしまうことから、

「はかなく短い命」の象徴として、「かげろうの命」という言葉が作られた。

日本以外でもこのイメージは同じだったようだ。カゲロウの仲間を意味する学名「Ephemeroptera」は、「一日」という意味と「翅」という意味のラテン語から作られた造語である。切手やはがきなどの使い捨ての一時的な印刷物を「エフェメラ」と呼ぶが、これも「一日」という意味のラテン語に由来しており、「カゲロウのように刹那的な」というニュアンスを含んでいる。

このようにカゲロウは、短い命の象徴である。一日で死んでしまうと言われるカゲロウの成虫は、実際には数時間しか生きられない。短くはかない命である。

しかし、本当にそうだろうか。

じつは、カゲロウは、昆虫の世界ではけっして短い命ではない。むしろ、相当の長生きと言っていいくらいだ。

確かにカゲロウは、成虫になると数時間のうちに死んでしまう。「かげろうの命」のイメージどおり、短い命なのだ。

しかし、それはあくまでも成虫の話である。

カゲロウは、幼虫の時代を何年間も過ごす。正確な幼虫の期間はわかっていないが、二、三年と考えられている。セミと同じように、幼虫の時間が長いのだ。

昆虫の多くは、卵から成虫になって死ぬまでが数カ月から一年以内である。それと比較すると、カゲロウは何倍も寿命が長いと言っていいだろう。

私たちが目にするカゲロウの成虫は、カゲロウにとっては死ぬ間際の一瞬の姿なのである。

カゲロウの幼虫は、川の中に棲(す)んでいる。流れのある川などに棲むため、よく渓流(けいりゅう)釣りの餌に用いられる。

そして、数年をかけて成長をした後に、夏から秋にかけて羽化して空を飛ぶようになるのだ。

ところが、カゲロウは他の昆虫と比べて変わったところがある。

一般的に昆虫は幼虫が羽化して翅を持つと成虫になる。ところが、カゲロウは違う。

幼虫から羽化しても、まだ成虫にならないのである。

カゲロウの幼虫から羽化したものは、「亜成虫」という成虫の前段階のステージとなる。この亜成虫は翅があって空を飛ぶ。しかし、亜成虫はあくまでも亜成虫であって、成虫ではない。カゲロウはこの亜成虫の姿で移動し、再び脱皮をして、最終的に成虫となるのである。

何とも奇妙な生態だが、じつはカゲロウは昆虫の進化の過程では、かなり原始的なタイプである。昆虫の進化の過程の古い生活史を今に残しているのである。進化を遂げた現在の昆虫の常識から見れば、奇妙な生態を持っているが、実際にはカゲロウの生活史の方がオリジナルなのだ。

昆虫の進化は謎に満ちている。

何しろ、私たちの祖先が、ひれを持つ魚類から足を持つ両生類に進化を遂げて、地上への進出を試みていた頃、すでに、カゲロウの仲間は翅を持ち、現在と同じように空を飛んでいたほどだ。

地球に初めて誕生した昆虫は翅がなかったと考えられるが、カゲロウは、翅を発達させて空中を飛んだ最初の昆虫であると推察されているのである。

それから三億年。カゲロウは現在も変わらぬ姿をしているのだからすごい。カゲロウは生きた化石なのである。生き残ったものが勝者という進化の生き残りゲームの中では、カゲロウこそが最強の生物の一つなのだ。

それにしても、どうして三億年もの間、カゲロウは厳しい生存競争を生き抜くことができたのだろうか。

その秘密こそが、「はかない命」にある。

カゲロウにとって、「成虫」というステージは、子孫を残すためのものでしかない。

成虫になったカゲロウは、餌を獲ることはない。それどころか、餌を食べるための口も退化して失っている。そもそも、餌を獲ることができないのだ。カゲロウにとっては、餌を食べて自らが生きることよりも、子孫を残すことの方が大切なのである。

翅を持った成虫が、いたずらに長く生きていれば、子孫を残す前に天敵に食べられたり、事故にあったりして、死んでしまうリスクが高まる。どんなに長生きしても、子孫を残せないのであれば、意味がない。しかし、カゲロウのように成虫の期間が短ければ、子孫を残すという目的を達成しやすくなる。カゲロウに「天命」というものがあるのだとすれば、カゲロウの成虫は、天命を全うするために命を短くしているのである。

とはいえ、ゆらゆらと飛ぶことしかできないカゲロウには、天敵から逃げる力もなければ、身を守る術もない。

そんなカゲロウの中には大きな群れを作る種類がある。

それも少しばかりの大きさではない。大きな大きな群れを作るのである。

夕刻になると、カゲロウたちは一斉に羽化して成虫となり、大発生するのだ。日本で大発生が話題になる例として、オオシロカゲロウがある。その数は尋常ではない。空を舞うカゲロウたちは、まるで紙吹雪のようである。

視界が塞(ふさ)がれて、道路では、追突事故が起きたり、通行止めになったりする。電車が止まったりして交通麻痺(まひ)を引き起こすことさえある。こうして、人間の生活に影響を及ぼすほどの大群で発生するのである。

カゲロウは日が傾き薄暗くなった時間を見計らって羽化を始める。

夕刻に発生するのは、昆虫の天敵である鳥から逃れるためである。

もちろん、カゲロウが地球に出現した大昔には、鳥類など影も形もない。鳥がねぐらに帰る時間帯に羽化するというのは、長い進化の歴史の中でカゲロウが獲得した知恵なのだろう。

しかし、夕刻になると現れる天敵もいる。コウモリである。

何しろ、カゲロウの大群は、コウモリにとってはご馳走である。

コウモリたちは、狂喜乱舞して次々にカゲロウを捕食する。しかし、大量に発生したカゲロウを食べ尽くすことはできないから、多くのカゲロウたちは生き残ることができる。

これこそが、カゲロウたちの作戦である。大きな大きな群れを作っていたのは、コウモリに食べ尽くされないためだったのだ。

あるものは食われ、あるものは生き残り、カゲロウたちは群れで舞い続ける。

この大群の中で、オスとメスとが出会い、交尾をするのである。

しかし、このパーティーに許された時間は限られている。何しろカゲロウの成虫に与えられた寿命はごくわずかなのだ。

シンデレラの舞踏会のように時を刻む鐘が鳴れば、魔法が解けるようにカゲロウたちはこの世から消え去ってしまうのだ。

限られた時間の中でカゲロウたちは交尾を行う。

カゲロウにとって、「成虫」というステージは、子孫を残すためのものでしかない。

交尾を終えたオスたちは、天命を全うした満足感とともに、その生涯を終える。

「カゲロウの命」と言われるように、はかなく静かに、命の炎は消えてゆくのである。

一方、メスたちはまだ死ぬわけにはいかない。

メスたちには、残された仕事がある。川の水面に着水して、水の中に卵を産まなければならないのである。早くしなければ、命が尽きてしまうのである。

夜は刻一刻と更けていく。まさに時間との戦いなのだ。

しかし、無事に着水したとしても、メスに一息つく時間はない。

魚たちにとって、水の上のカゲロウは、格好の餌でしかない。次々に着水するカゲロウたちを、今度は魚たちが狂喜乱舞して食い始める。

そして、あるものは食われ、あるものは生き残る。

運よく生き残ったメスたちは、水の中に新しい命を産み落とす。そして、卵は静かに水の底へと沈んでいくのだ。

産み落とした命を見届けたかのように、メスのカゲロウたちの命の炎も消えてゆく。

子孫を残す。カゲロウたちにとっては、ただ、それだけの生涯である。

何というはかない生き物だろう。何というはかない命だろう。

息絶えたメスの亡骸（なきがら）もまた、魚たちにとっては、格好の餌である。魚たちのパーティーは、まだまだ終わりそうにない。

残酷に時が過ぎれば、パーティーは終わりである。カゲロウの成虫は数時間しか生きることはない。夜が更ければ、交尾を終えた満足気なオスたちも、水面までたどりつくことのできなかったメスたちも、交尾に失敗した多くの成虫たちも、次々に死んでゆくのである。

短い命である。

夜が更ければ、辺り一面、カゲロウたちの大量のむくろが、紙吹雪のように風に舞う。

まるで地吹雪か何かにさえ見えるそのようすは、もはや気象現象と言っていいほどだ。

こうして、カゲロウたちの一夜が終わる。

確かに短い命である。はかない命である。

しかし、このはかない命こそが、カゲロウたちが三億年の歴史の中で進化させたものである。カゲロウたちは、間違いなくその生涯を鮮やかに生き切り、天寿を全うしているのである。

6 ▼ メスに食われながらも交尾をやめないオス

カマキリ

「かまきり婦人」という言葉がある。カマキリは男を食い殺す悪女にたとえられているのである。

カマキリのメスは交尾が終わった後、オスを食い殺すと言われている。

本当だろうか。

カマキリには凶暴な悪者のイメージがつきまとう。

しかし、もともとカマキリは、稲作の害虫を捕食する天敵であることから、人間に大切にされていた。古代には祭事に用いる銅鐸（どうたく）にカマキリが描かれたものがある。また日本では、カマキリは拝み虫と呼ばれていた。鎌を重ねて揺れ動くようすが、拝んでいるように見えたのである。一方、西洋では、拝むようなカマキリのこの動きは預言者や僧侶にたとえられた。神聖な虫とされてきたのである。

ところが今では、カマキリは男を食い殺すイメージが強い。

カマキリは春に卵からかえって夏に成長し、夏の終わり頃が交尾の季節となる。この季節になると実際に、カマキリのメスは交尾にきたオスを食べることが観察されている。

この生態を広く世に紹介したのが、昆虫記で有名なファーブルである。ファーブルの詳細な観察によって、カマキリのこの恐ろしい生態が詳(つまび)らかにされたのだ。

カマキリは、動いているものであれば、何でも獲物にしてしまう。それが仲間のオスであろうと、近づいてきたものは、捕えて食べてしまうのだ。

そのためカマキリのオスは、メスと交尾をするときに、細心の注意を必要とする。何しろ見つかったら終わりである。メスに見つからないように背後からそっと近づき、メスの背中に飛び乗らなければならないのだ。まさに命がけである。

とはいえ、命が惜しいからメスに近づかないというわけにもいかない。オスは交尾に成功しなければ子孫を残せないのだ。そのため、オスは決死の覚悟でメスに近づくのである。

一方のカマキリのメスは、オスに比べると交尾に対する執着はないようだ。むしろ丈夫な卵を産むために食欲の方が勝っているように見える。

メスは、交尾の間も体をひねらせて何とかオスを捕らえようとするので、オスは食べられないように避けながら交尾をしなければならない。もし、交尾の途中につかまれば、オスは食べられてしまうのである。

ただ実際には、カマキリのオスがメスに捕えられて食べられることは、さほど多くはないようだ。多くの場合は、オスはメスから首尾よく逃れて生き延びる。ある調査によれば、オスがメスにつかまる割合は一〜三割程度だという。しかし、それだけの割合であっても、オスがメスに食べられてしまうリスクがあるということなのだ。

交尾を成功させなければ子孫を残せないとはいえ、交尾に対するオスの執念はすさまじい。運悪くメスにつかまっても、オスは決して交尾をやめようとはしないのだ。

交尾をしている最中でも、食欲旺盛なメスは、捕えたオスの体を貪り始める。しかし、オスの

行動は驚愕（きょうがく）である。あろうことか、メスに頭をかじられながらも、オスの下半身は休むことなく交尾をし続けるのである。

何という執念だろう。何という壮絶な最期なのだろう。

オスを食べてしまうカマキリのメスは本当に残酷な存在なのだろうか。

そしてカマキリのオスは本当に悲惨な存在なのだろうか。

カマキリのメスにとって、卵を産み残すこともまた、壮絶な仕事である。卵を産むためには、豊富な栄養が必要となる。食べられたオスは、メスにとっては、この上ない栄養源となるのだ。

実際に、オスを食べたメスは、通常の二倍以上もの卵を産むという。

確かにメスから逃げ切ることができれば、オスは交尾のチャンスを増やすことができる。しかし、子孫を多く残すことがカマキリにとって成功であるならば、メスに食われて死ぬことも、けっして無駄なことではないのだ。

7▼交尾に明け暮れ、死す

アンテキヌス

彼らは何のために生きているのだろう？

アンテキヌスという動物を知っているだろうか。

アンテキヌスは体長が一〇センチメートル程度しかない。彼らは小さなネズミのような有袋類である。有袋類というのは、カンガルーのように袋の中で子どもを育てる仲間だ。

有袋類は未熟な胎児を産み、袋の中で子どもを育てる。一方、一般的な哺乳類は、有胎盤類と呼ばれている。有胎盤類は胎盤が発達しており、母親のお腹の中で子どもを十分な大きさにまで育てることができるのである。

有袋類と有胎盤類とは、もともと共通の祖先を持つが、一億二五〇〇万年以上前に枝分かれして、それぞれの進化を遂げたと言われている。

世界では有胎盤類が多様な環境に適応して、多様な進化を遂げたが、オーストラリアでは、有袋類がさまざまな進化を遂げた。

たとえば、有胎盤類のネコのように、有袋類ではフクロネコが進化した。また、有胎盤類のオオカミに対して、有袋類のフクロオオカミ、有胎盤類のモグラに対して、有袋類のフクロモグラ、有胎盤類のモモンガに対して、有袋類のフクロモモンガというように、その進化はよく似ている。

有胎盤類も有袋類も環境に適応してよく似た進化をしているのである。ちなみに有袋類のカンガルーは、有胎盤類ではシカ、有袋類のコアラは有胎盤類のナマケモノに相当すると考えられている。

アンテキヌスは、有胎盤類ではネズミによく似ている。

ネズミは弱い生き物で、さまざまな動物たちの餌にされる。そのため、ネズミは一年程度の短い寿命の間に、たくさんの子どもを産んで生き残るという戦略を選んでいる。

アンテキヌスもネズミと同じ戦略である。

彼らの寿命も短い。アンテキヌスのメスは寿命が二年程度である。オスの寿命はさらに短く、一年に満たないとされている。

彼らの一生は忙しい。

アンテキヌスは生まれて一〇カ月で成熟し、生殖能

力を持つ。つまり、大人になるのだ。
人間が二〇歳で大人になるとすれば、それまでに二四〇カ月かかっている計算になる。アンテキヌスは、この二四倍もの速さで大人になるのだ。 
アンテキヌスは冬の終わり頃の二週間程度が繁殖期になる。そして、大人になったアンテキヌスのオスは、メスを見つけては、次々と交尾を繰り返していくのである。
哺乳類のメスは、オスを選り好みする例が多く見られる。一回に産むことのできる子どもの数が限られている哺乳類では、いかに優れたオスの遺伝子を子どもに託すかが重要なのだ。そのため、交尾相手のメスをめぐって、オスどうしが戦い、強い方のオスだけがメスと交尾をするというルールを持つ動物も少なくない。

ところが不思議なことに、アンテキヌスのメスは、どんなオスでも受け入れるという。おそらくは、それだけ繁殖をし、子孫を残すことが難しいということなのだろう。選り好みをしている余裕がないのだ。

もちろん、オスの方もメスを選ぶことはない。手当たり次第に、と言えば言葉は悪いが、オスも出会ったメスと次々に交尾を繰り返していく。

強いオスだけが子孫を残すことができるというルールであれば、オスたちは体を大きくして闘争能力を高めていく。しかし、アンテキヌスにとっては、強いことには何の意味もない。どんなオスでもメスは受け入れてくれるのだから、少しでもたくさんのメスと交尾したオスが、より多くの子孫を残すことができる。そうなれば早い者勝ちだ。アンテキヌスにとっては、他のオスと戦っているような暇はない。

他の動物たちは、ライバルと競い合ってパートナーを選び、甘い鳴き声やスキンシップで愛を育みながら、愛の結晶を宿す。しかし、アンテキヌスのオスは、恋だの愛だの言うことは一切なく、ただ交尾相手を探しては交尾をし、また次の交尾相手を探すことを繰り返す。

それも無理のない話だろう。何しろ、アンテキヌスに許された繁殖期間はわずか二週間しかない。それが、アンテキヌスにとって生涯で一度にして最後のチャンスである。この期間を過ぎれば、オスは寿命が尽きてしまう。そのため、アンテキヌスのオスは、この間、不眠不休でメスを探し続け、ひたすら交尾を行っていくのである。

「メスと次々に」と言えば、軽薄で浮ついたプレイボーイを想像して、うらやましいと思う諸兄(しょけい)もいるかもしれないが、その実態はそんなに甘いものではない。アンテキヌスの性生活は壮絶なのだ。

アンテキヌスのオスは、あまりに交尾ばかりを続けているため、体内の男性ホルモンの濃度が高くなりすぎて、ストレスホルモンもまた急激に増加する。そのため、体内の組織はダメージを受け、生存に必要な免疫系も崩壊してしまうという。

それが原因で、毛が抜け落ちて、目が見えなくなることさえあると言うが、自分の体をいたわることはなく、オスは交尾を繰り返す。もう、彼らの体はボロボロだ。それでも、彼らは交尾をやめることはない。命ある限り、彼らは交尾を繰り返すのだ。

やがて、二週間という繁殖期間が終わる頃、オスのアンテキヌスたちは精根尽き果てていく。そして、次々に命を落とし、短い生涯を終えるのだ。

何という壮絶な死だろう。何という壮絶な生涯だろう。

一方のメスは違う。出産しなければならないメスは、交尾を繰り返したとしても、子どもの数が増えるわけではない。そのため、命を賭して（と）まで、不必要に交尾を繰り返すことはない。メスには出産をして、子育てをするという大切な仕事が残されているのだ。

生物の進化を顧みれば、オスという性は、メスたちの繁殖をより効率的に行うために生まれたと言われている。

「男」というのは、生まれながらにして悲しい生き物なのだ。

しかし、アンテキヌスの男たちは、その運命を受け入れ、全うして息絶えていく。何という男たちなのだろう。

性に溺れた生き物とさげすむこともできるだろう。交尾をしすぎる動物とバカにして紹介されることもある。

しかし、天地創造の神さまだけは知っている。生物学的には、彼らこそが、男の中の男なのだ。

自分の死と引き換えに、「未来」という種を残すアンテキヌス。

「何のために生きているのか」と思い悩んでいる私たち人間に、アンテキヌスは「次の世代のために生きる」という生きることのシンプルな意味を教えてくれている、そんな気がしてならない。

8▼ メスに寄生し、放精後はメスに吸収されるオス

チョウチンアンコウ

世の男たちは、甘い言葉を女性たちにささやくが、果たしてどれほどの覚悟があるのだろうか。

「一生、離さないよ」
「僕たちずっと一緒だよね」

チョウチンアンコウは暗い海の底に暮らす深海魚である。
光の届かない暗い海の底で、頭から細長く伸びた突起物(とっき)の先端についている発光器をほのかに灯して、小さな魚を呼び寄せて捕食する。この発光器が提灯(ちょうちん)

を灯しているように見えることから、チョウチンアンコウと名付けられた。

深海に棲むチョウチンアンコウの生態は、未だ謎に包まれている。いったいどのような生活をしているのか、どれほどの寿命なのか、すべては謎なのだ。

かつて、チョウチンアンコウの死体の調査が行われたとき、チョウチンアンコウの巨大な体についた小さな虫のような生き物が発見された。

不思議なことに、その小さな虫のような生き物の死体は、チョウチンアンコウの体の一部であるかのように一体化していた。この奇妙な生き物は、当初は、寄生虫かとも考えられたが、調査が進むにつれて驚くべきことが明らかとなった。

寄生虫のように体についていた小さな小さな生き物は、あろうことか、チョウチンアンコウのオスだったのである。

魚の世界では、メスの方が大きいことは珍しくない。大きな体の方が、よりたくさんの卵を産むことができるからだ。

とはいえ、チョウチンアンコウのオスとメスでは、サイズが違いすぎる。メスは体長四〇センチメートルにまで成長するのに対して、オスはわずか四センチしかないのである。

これでは、まるで同じ種類の魚とは思えない。発見者が寄生虫と見間違えたのも無理からぬ話だ。

しかも、チョウチンアンコウのオスの奇妙さは、小さいことだけではない。その生態も奇妙である。

チョウチンアンコウのオスは、メスの体に噛みついてくっつき、吸血鬼のようにメスの体から血液を吸収して、栄養分をもらって暮らすのである。本当に寄生虫のような存在なのだ。

チョウチンアンコウの小さなオスは、メスの灯す明かりを頼りにメスを見つけ出す。

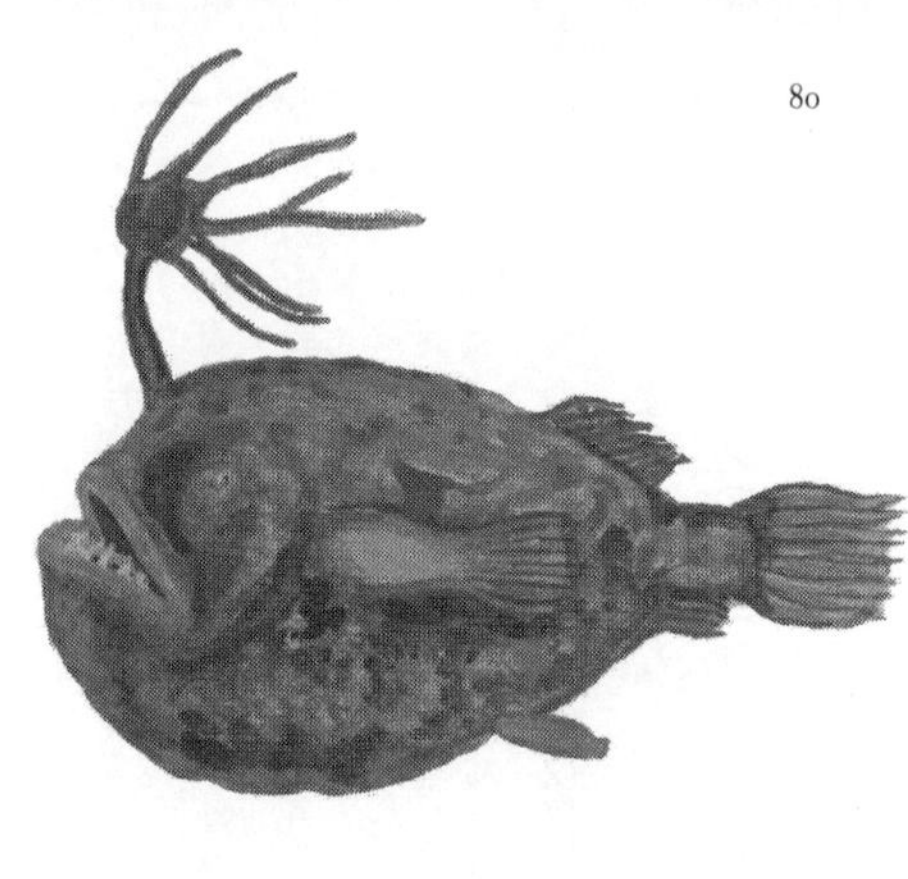

闇に包まれた暗い海の底で暮らすチョウチンアンコウのオスにとって、メスを見つけ出すことは容易ではないし、見つけたとしても暗い海の底ではぐれることなく泳ぐのは難しい。そのため、メスの体と癒着(ゆちゃく)してしまうのである。

出会いのチャンスが限られているのは、メスにとっても同じである。やっと出会うことのできた小さなオスに栄養分を分け与えても、ずっとそばにいてくれることの方が、子孫を残せるメリットがある。こうして確実に子孫を残せるように、オスはメスにくっついて同化する仕組みを発達させたのである。

まさにチョウチンアンコウのオスは、女性に養われているひものような存在なのだ。

それにしても、チョウチンアンコウのオスのひも生活は徹底している。メスの体についたオスは、メスに連れられていくだけで、自分で泳ぐ必要はない。そのため、泳ぐためのひれは消失し、餌を見つけるための眼さえも失ってしまう。それだけではない。メスの体からオスの体に血液が流れるようになれば、餌を獲る必要もないので内臓も退化する。そして、メスの体と同化しながら、子孫を残すための精巣だけを異様に発達させていく。価値あるものは、精巣だけというありさまなのだ。まさに、精子を作るためだけの道具と成り果ててしまうのである。

チョウチンアンコウのオスは、受精のための精子を放出してしまえば、もう用無しになる。もはやひれもなく、眼もなく、内臓もない体である。

そして「ずっと、一緒」と約束したオスは、静かにメスの体と一体化してゆくのである。

深い海の底に、地上の光の届かない世界がある。

深い海の底に、人間たちの知らない生命の営みがある。

その深い海の底でチョウチンアンコウのオスの体は静かに消えゆき、その生命も静かに閉じてゆくのである。

メスのひもとして、道具としてだけ生きたチョウチンアンコウのオスにとって、「生きる」とは、いったいどのような意味を持つのだろうか。

男の生き方としては、ずいぶんと情けないと思うかもしれない。

しかし、そうではないのだ。

生命の進化を顧みれば、生命は効果的に子孫を残すことができるように、オスとメスという性の仕組みを作り上げた。メスは子孫を産む存在である。そして、オスは繁殖を補う存在として作られたのだ。そもそも、すべての生物にとってオスは、メスが子孫を残すためのパートナーでしかない。誤解を恐れずに言えば、生物学的には、すべてのオスはメスに精子を与えるためだけの存在なのだ。

そうだとすれば、すべてを捨ててその役目を全うするチョウチンアンコウのオスは、まさに男の中の男と言えるのではないだろうか。

光の届かない暗い暗い海の底で、チョウチンアンコウのオスは、メスに吸い込まれるように、溶け込むように、この世から消えてゆく。

これがチョウチンアンコウのオスの生き方である。そして、これが男としての死にざまなのである。

9 ▼ 生涯一度きりの交接と子への愛　タコ

タコのお母さんというと、何ともユーモラスでひょうきんな感じがする。イメージとは、怖いものである。

タコは、大きな頭に鉢巻をしているイメージがあるが、大きな頭に見えるものは、頭ではなく胴体である。

映画「風の谷のナウシカ」に王蟲（おうむ）と呼ばれる奇妙な生き物が登場する。王蟲は体の前方に前に進むための脚があり、脚の付け根の近くに目のついた頭があり、その後ろに巨大な体がある。じつはタコも、この王蟲と同じ構造をしている。つまり、足の付け根に頭があり、その後ろに巨大な胴体があるのだ。ただし、タコは前に進むのではなく、後向きに泳いでいく。

タコは無脊椎動物の中では高い知能を持ち、子育てをする子煩悩な生物としても知られている。

海に棲む生き物の中では、子育てをする生物は少ない。

食うか食われるかの弱肉強食の海の世界では、親が子どもを守ろうとしても、より強い生物に親子もろとも食べられてしまう。そのため、子育てをするよりも、卵を少しでも多く残す方がよいのである。

魚の中には、生まれた卵や稚魚の世話をするものもいる。子育てをする魚類は、特に淡水魚や沿岸の浅い海に生息するものが多い。狭い水域では敵に遭遇する可能性が高いが、地形が複雑なので隠れる場所はたくさん見つかる。そのため、親が卵を守ることで、卵の生存率が高まるのである。一方、広大な海では、親の魚が隠れる場所は限られる。下手に隠れて敵に食べられてしまうよりも、大海に卵をばらまいた方がよいのだ。

子育てをするということは、卵や子どもを守るだけの強さを持っているということなのである。

また、魚類では、メスではなく、オスが子育てをする例の方が圧倒的に多い。オスが子育てをする理由は、明確ではない。ただし、魚にとっては卵の数が重要なので、メスは育児よりも、その分のエネルギーを使って少しでも卵の数を増やした方がよい。そのため、メスの代わりにオスが子育てをするとも推察されている。

しかし、タコはメスが子育てをする。タコは母親が子育てをする海の中では珍しい生き物なのである。

タコの寿命は明らかではないが、一年から数年生きると考えられている。そして、タコはその一生の最後に、一度だけ繁殖を行う。タコにとって、繁殖は生涯最後にして最大のイベントなのである。

タコの繁殖はオスとメスとの出会いから始まる。

タコのオスはドラマチックに甘いムードでメスに求愛する。しかし、複数のオスがメスに求愛してしまうこともある。そのときは、メスをめぐってオスたちは激しく戦う。

オス同士の戦いは壮絶だ。何しろ繁殖は生涯で一度きりにして最後のイベントである。このときを逃せば、もう子孫を残すチャンスはない。激高したオスは、自らの身を隠すために目まぐるしく体色を変えながら、相手のオスにつかみかかる。足や胴体がちぎれてしまうほどの、まさに命を賭けた戦いである。

この戦いに勝利したオスは、あらためてメスに求愛し、メスが受け入れるとカップルが成立するのである。そして相思相愛の二匹のタコは、抱擁し合い、生涯でたった一回の交接を行う。タコたちは、その時間を慈しむかのように、その時間を惜しむかのように、ゆっくりとゆっくりと数時間をかけてその儀式を行う。そして、儀式が終わると間もなく、オスは力尽き生涯を閉じてゆく。交接が終わると命が終わるようにプログラムされているのである。

残されたメスには大切な仕事が残っている。

タコのメスは、岩の隙間などに卵を産みつける。

他の海の生き物であれば、これですべてがおしまいである。しかし、タコのメスにとっては、これから壮絶な子育てが待っている。卵が無事にかえるまで、巣穴の中で卵を守り続けるのである。卵が孵化するまでの期間は、マダコで一カ月。冷たい海に棲むミズダコでは、卵の発育が遅いため、その期間は六カ月から一〇カ月にも及ぶと言われている。

これだけの長い間、メスは卵を守り続けるのである。まさに母の愛と言うべきなのだろうか。この間、メスは一切餌を獲ることもなく、片時も離れずに卵を抱き続けるのである。

「少しくらい」とわずかな時間であれば巣穴を離れてもよさそうなものだが、タコの母親はそんなことはしない。危険にあふれた海の中では一瞬の油断も許されないのだ。

もちろん、ただ、巣穴の中に留まるというだけではない。

母ダコは、ときどき卵をなでては、卵についたゴミやカビを取り除き、水を吹きかけては卵のまわりの澱んだ水を新鮮な水に替える。こうして、卵に愛情を注ぎ続けるのである。

餌を口にしない母ダコは、次第に体力が衰えてくるが、卵を狙う天敵は、常に母ダコの隙を狙っている。また、海の中で隠れ家になる岩場は貴重なので、隠れ家を求めて巣穴を奪おうとする不届き者もいる。中には、産卵のために他のタコが巣穴を乗っ取ろうとすることもある。

そのたびに、母親は力を振り絞り、巣穴を守

る。次第に衰え、力尽きかけようとも、卵に危機が迫れば、悠然と立ち向かうのである。

こうして、月日が過ぎてゆく。

そして、ついにその日はやってくる。

卵から小さなタコの赤ちゃんたちが生まれてくるのである。母ダコは、卵にやさしく水を吹きかけて、卵を破って子どもたちが外に出るのを助けるとも言われている。

卵を守り続けたメスのタコにもう泳ぐ力は残っていない。足を動かす力さえもうない。子どもたちの孵化を見届けると、母ダコは安心したように横たわり、力尽きて死んでゆくのである。

これが、母ダコの最期である。そしてこれが、母と子の別れの時なのである。

10 ▼ 無数の卵の死の上に在る成魚 マンボウ

ときどき、砂浜にマンボウの死体が打ち上げられてニュースになることがある。

マンボウは海面に近いところを泳いでいるので、波にあおられてしまうのだろう。

マンボウは三億個もの卵を産む魚であると言われている。

もっとも、正確には、マンボウの卵巣内に三億個以上の未成熟卵が見つかったという話が本当で、一回の産卵で三億個もの卵を産むわけではないらしい。

しかし、いずれにしても膨大な数の卵を産むことに間違いはないだろう。

生物が子孫を残す戦略には、たくさんの小さな卵を産む選択肢と、数は少ないが大きな卵を産む選択肢がある。

卵をたくさん産んだ方がよさそうだが、母親が卵を作るために配分できる資源は限りがあるから、卵の数を増やせば、一個一個の卵は小さくなってしまう。この場合、卵が小さければ、その卵から産まれる子どもも小さくなってしまうから、子どもの生存率は低くなる。

それでは、卵の数を少なくすればどうだろう。

卵の数が少なければ、一個一個の卵を大きくできるから、生存率の高い大きな子どもを残すことができる。しかし、生き残る子どもの数が多かったとしても、もともとの子どもの数が少ないから、最終的に生存できる子どもの数も多くない。

小さい卵をたくさん産む戦略と、大きな卵を少なく産む戦略とでは、どちらが多くの子孫を残すことができるだろうか。

もちろん、どちらが有利になるかは、その生き物が置かれた環境条件によって異なる。すべての生物は、この二つの選択肢の狭間で揺れ動きながら、それぞれの戦略を発達させているのである。

人類を含む哺乳類は、後者の選択肢を徹底的に発達させている。

多くの哺乳類が一年に一匹か二匹の子どもを産む。多くても一回の出産で数匹といったところだろう。

しかも、哺乳類が産むのは鳥や魚のような卵ではない。母親の胎内で卵からかえった胎児を大切に育てて、さらに産んだ子どもの面倒まで見る。こうして少ない数の子孫を産んで、徹底的に生存率を高める戦略なのである。

一方、魚の仲間は、哺乳類とは逆に、たくさんの卵を産む戦略である。中でも、マンボウはたくさんの卵を産む典型と言っていいだろう。

マンボウは、小さな卵をたくさん産む。

この卵がすべて成魚にまで成長すれば、世界中の海はマンボウで埋め尽くされてしまうことになる。しかし実際には、そんなことは起こらない。

産み落とされた卵の多くは食べられてしまう。そして、小さな卵から生まれた小さな稚魚もほとんどが食べられてしまうのである。

大きくなっても何も安心はできない。

大海原（おおうなばら）には、マンボウを狙う捕食者は多い。

カツオやマグロ、カジキなどの大型の魚類やサメの仲間はマンボウを獲物にする。魚だけではない。シャチやアシカなど海に棲（す）む肉食の哺乳類もマンボウを狙う。こうして多くのマンボウが海の

藻屑（もくず）となっていくのである。

マンボウが実際に何個の卵を産み、生まれた稚魚のうちの何匹が大人になるのかは、まるでわかっていない。

しかし、生き残るマンボウが少なければマンボウはやがて絶滅してしまう。逆に生き残るマンボウが多すぎても、自然界のバランスを崩してしまうことだろう。

そのため、オスとメスの二匹のマンボウから生まれた卵は、最後には二匹と大きく違わない数のマンボウになるはずである。それが、自然の摂理というものだ。

マンボウがどれほどの数の卵を産むのかはわからない。しかし、マンボウが無事に大人になる確率はとてつもなく低い。

宝くじの一等に当たる確率は一〇〇〇万分の一と言われている。マンボウが無事に大人になる確率は、宝くじの一等に当たるよりも難しいと言っていい。

そう考えれば、大人になったマンボウがどれだけ強運の持ち主かがわかるというものだ。

もし、あなたがマンボウに生まれていたとしたら、どうだろう。

無事に大人になり切る自信はあるだろうか。

マンボウの寿命は明確にはわかっていないが、魚の中では寿命が長い方だとされている。少なくとも二〇年以上は生きると考えられており、おそらくは一〇〇年程度の寿命を持つのではないかと推察されている。

しかし、そんな夢のような話は、幸運な一握りのマンボウの話である。

ほとんどのマンボウは長く生きることなどできないのである。

寿命が長い、短いなど、そんなことは大した問題ではない。

自然界では、すべての生命が、寿命を生き抜けるわけではない。天寿を全うすることなど、ほとんど、できない話なのだ。

砂浜に打ち上げられたマンボウは、幸運なマンボウであると言っていいだろう。

ほとんどのマンボウは、ニュースになることもなく、生まれて間もないうちに、みんな死んでしまうのである。

11▼生きていることが生きがい

クラゲ

水族館で眺めていると、クラゲというのは本当に不思議な生き物である。ゆらゆらと浮遊しているだけのようにも見えるが、懸命に傘を開いたり閉じたりして泳いでいる。水槽の上の方に泳いでいったかと思えば、今度は下に向かって泳いでいく。ただ水の流れに乗せられているだけではないようだ。

泳いでいるということは、それなりに移動したいという意志や、移動する目的はあるのだろう。しかし、何のために泳いでいるのか、眺めているだけでは、皆目（かいもく）、見当がつかない。

クラゲはいったい、何を考えているのだろう。

「クラゲにだって生きがいはある」

喜劇俳優のチャップリンの残したこんな名言がある。

チャップリンの映画「ライムライト」の一場面、生きることに絶望し、命を絶とうとした若きバレリーナに主人公はこう語りかける。

「生きていくことは美しく素晴らしいことだ。たとえ、クラゲであってもね」

これがよく知られる名言の元となったセリフである。

生きることは素晴らしいことだ。それはクラゲであっても変わらない。生命にとっては、生きていること、そのことが美しく価値あることなのだ。

事実、生きがいを見失い、自殺してしまうクラゲはおそらくいない。クラゲにとっては、生きていること自体が生きがいなのである。

クラゲが地球に出現したのは五億年も昔のことである。その頃は、恐竜はおろか、魚類でさえまだ存在しなかった。

クラゲは、単細胞生物が多細胞生物へと進化した直後に発達を遂げたエディアカラ生物群の生き残りではないかと言われている。地球の歴史をさかのぼっても、クラゲは相当に古い生物である。

そして、そんな大昔からクラゲは現代に命をつないできたのだ。

古代から生き抜いてきたクラゲの生活史は、じつに複雑で、そして不思議である。

生まれたばかりのクラゲは、プラヌラという小さなプランクトンとして浮遊している。ところがプラヌラは、植物のタネのような存在でもある。プラヌラは岩などに付着すると、そこに芽を出すのだ。そして、ポリプというイソギンチャクのような生き物となる。

ポリプはもはや動き回ることはない。その場所に定着して暮らすのである。

ポリプは分裂して増殖できる。まさに植物のような存在だ。しかし、クラゲは植物ではなく、れっきとした動物である。

やがて、ポリプはお椀が重なったようなストロビラという形態に変化する。そして、このお椀が、バラバラに離れていくように、次々に分身を作り出していく。このお椀のような分身がエフィラと呼ばれるクラゲの幼生なのである。クラゲの幼生であるエフィラは、泳ぎながら成長し、やがてクラゲとなる。

イソギンチャクのように、定着して暮らしていたポリプやストロビラが獲物を捕えるために持っていた上向きの触手（しょくしゅ）は、クラゲになると下向きとなる。この触手で、泳いだり、獲物を捕えたりするのである。

このクラゲが体内で卵をかえして、次の世代であるプラヌラを生み出す。そしてプラヌラを産んだクラゲは死んでしまうのである。

こうして、クラゲの生活史は永遠に繰り返される。

クラゲの成体の寿命は短い。種類によって異なるが、長くても一年程度だろ

クラゲの生活史

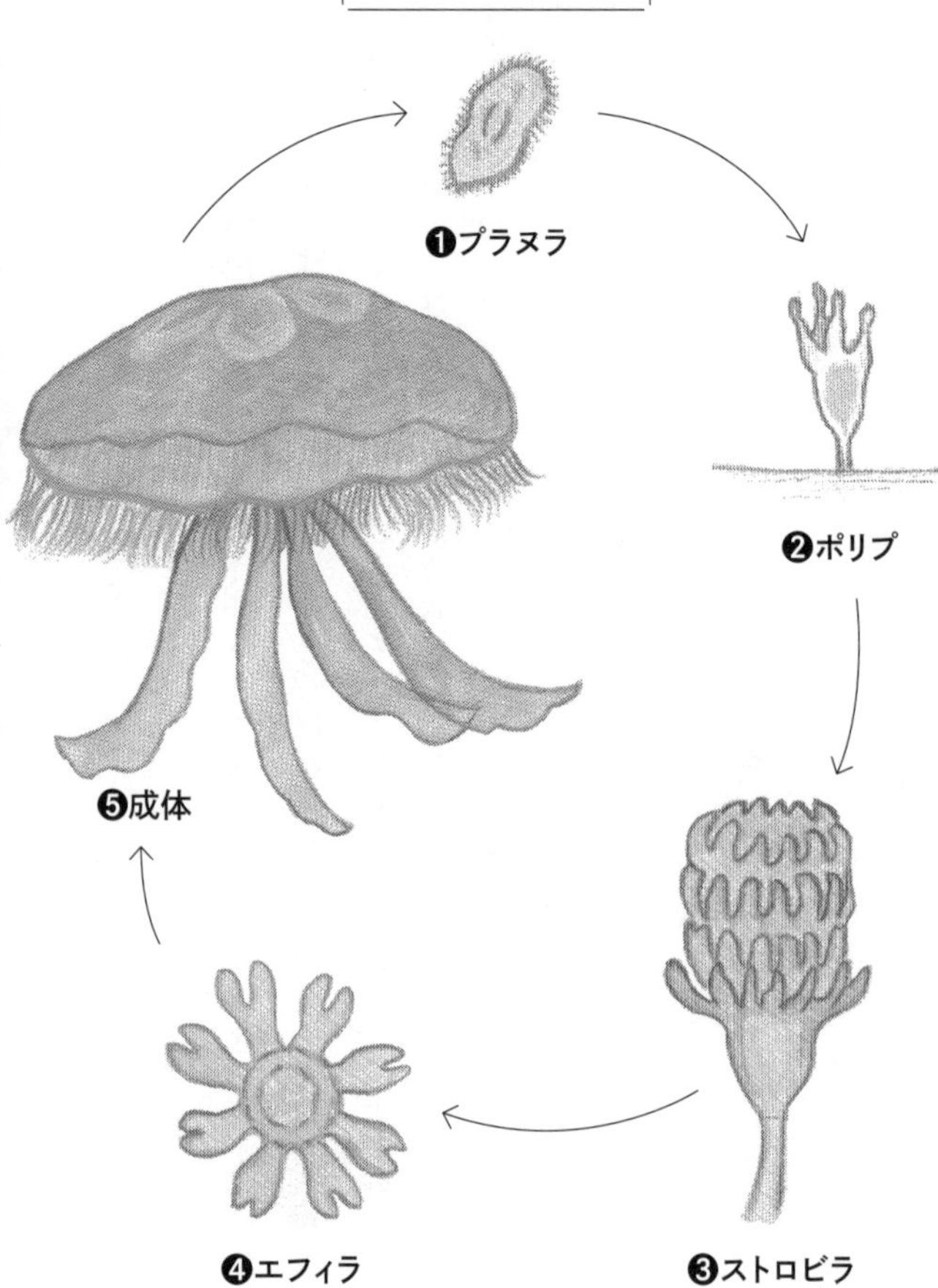

う。

ところが、である。驚くべきことに、死ぬことのないクラゲが存在するという。

ベニクラゲである。

ベニクラゲは、他のクラゲのようにプラヌラから、ポリプ、ストロビラを経て、クラゲの幼生となる。そして成長を遂げてクラゲとなるのである。

そのベニクラゲにもやがて死が訪れる。いや、訪れるはずである。

ところが、死んだと思われたベニクラゲは、あろうことか、小さく丸まって新たなポリプとなる。そして、再びポリプから生活史をスタートさせるのである。こうして、知らない間に若返ってしまうのだ。ベニクラゲは、これを繰り返す。歳をとらないわけではないが、ベニクラゲは何度もポリプに若返り、何度でも生涯をやり直すことができる。その意味では、まさに不老不死である。

クラゲが地球に出現したのは五億年も前のことである。一説では、その頃から、五億年間ずっと生き続けているベニクラゲがいるのではないかとも言われているほどだ。何という生き物だろう。

不老不死は、古今東西の人類の願いでもある。実際に、このベニクラゲの不老不死のメカニズムを解明することで、人間に応用できないかと考える研究者もいるらしい。

不老不死とは、いったいどのようなものなのだろうか。

もう、老いることも、死ぬことも、恐れることはないのだ。やりたいことは何だってできる。もし、五億年という時を生きることができるとしたら、いったい何をするだろう。いや、そんなことさえ考える必要はないだろう。何しろ時間は無限にあるのだ。そんなことは、いつか考えればいいし、いつか思いつく日もあるだろう。

ある日、不老不死と言われるベニクラゲは、のんびりと浅い海をプカプカ浮かんでいた。

どれだけ、こんな暮らしを続けていることだろう。そして、次の日も次の日もきっとこんな日が続くことだろう。

と、突然、ベニクラゲの体は海の中へと引きずり込まれた。そう思うが早いか、ベニクラゲの姿は一瞬にして見えなくなってしまった。

ウミガメである。

ウミガメはクラゲを好物にしている。おそらく、ウミガメがベニクラゲを捕食してしまったのだろう。

いったい、このベニクラゲは何年生きてきたのだろう。もしかすると何百年、何千年を生きてきたクラゲかもしれない。そんなベニクラゲにとっても死とはじつにあっけないものだ。寿命がないベニクラゲにとっても、死はすぐ隣にあるのだ。

12 ▼ 海と陸の危険に満ちた一生

ウミガメ

ある朝早く、砂浜に打ち上げられた水死体が発見された。

溺死体であった。

検視の結果、肺の中が真っ赤に充血しているようすが観察された。溺死に見られる典型的な現象である。

水死体の正体は、ウミガメである。

性別はメス。年齢は不詳。

ウミガメは、五〇年から一〇〇年程度の寿命があると推察されている。何をもって若いとするのかはわからないが、打ち上げられていたのは、若いメスの死体に見える。

それにしても……

この水死体には、どうも引っかかるところがある。

どうして、海で暮らしているはずのウミガメが、溺れて死んでしまったのだろうか。

ウミガメの祖先はもともと陸に棲(す)んでいたと考えられているが、海での生活に適応して進化を遂げた。速く泳げるように足をひれのように発達させ、甲羅を小さくスリムに変化させた。この適応した体で、海の中を自由自在に泳ぎ回るのである。

こうして、ウミガメは一生を海の中で暮らす。それなのに……

そのウミガメが、目の前で溺死体として上がっている。

ウミガメが溺れて死ぬなんてことが、本当にあるのだろうか。

ウミガメは、長時間、海の中に潜ることができる。

しかし、えら呼吸をしている魚と違って、ウミガメは爬虫類(はちゅう)なので、肺で呼吸している。そのため、数時間に一度は海上に頭を出して、息継ぎしなければならないのだ。

ところが、漁場に張り巡らされた魚の網などに誤ってかかってしまうと、海の上に浮上できなくなってしまう。網から抜け出そうともがき苦しみ、ついには窒息死して

しまうのである。

海を棲みかとし、海に生きるウミガメの溺死。

何という憐れな死だろう。

ウミガメは一生を海で過ごすが、メスのウミガメは陸に上がることがある。

ウミガメの卵は海の中では呼吸できないため、メスのウミガメは生まれ故郷の砂浜に上陸して卵を産むのである。

日本ではウミガメの産卵時期は夏である。ウミガメのメスは夏の間に、数週間ごとに何回か産卵する。

海を棲みかとするウミガメにとって、陸に上がるこの行動は困難、そして、危険に満ちている。

それでもウミガメのメスは新しい命のために、砂浜に上がるのである。

しかし今、この砂浜が著しく減少している。

海岸部は開発されて、砂浜はめっきり少なくなってしまった。ウミガメが海での長い旅を終えて故郷に戻ってみれば、もう砂浜がなかったということは珍しくない。まさに、浦島太郎の心持ちだ。

埋立てのために海岸の砂が大量に採取されたり、河川の整備によって川からの砂の流入が妨(さまた)げられることもある。かつて日本の海岸線に広々と存在していた砂浜は、こうして、やせ細ってしまっているのだ。

それだけではない。

わずかに残された砂浜も、整備されて人々が押し寄せる。どこまでも続いていた海岸には道路が作られる。運が悪ければ、海岸沿いを走る車にウミガメは轢(ひ)かれてしまうこともある。

ウミガメの産卵を阻むものは、他にもある。

ウミガメは暗い闇の中で卵を産むため、街路灯や街の明かりに煌々（こうこう）と照らされた砂浜では産卵できない。やっと上陸したと思っても、産卵場所を見つけることができずに海に戻らざるを得ない始末だ。

母親が苦労して産んだ卵にも受難がある。

夜の砂浜を、オフロードの車が面白そうに走り回る。母親が必死の想いで産んだ卵も、簡単に車に踏みつぶされてしまうのだ。

どうにか生まれた子ガメたちにも、危険が迫る。

生まれたばかりの子ガメたちは、月の明かりを頼りに海に戻る習性があるので、街の明かりに惑わされて、海とは反対方向に進んでしまうのだ。昼間になれば、砂浜をヨチヨチ歩きする子ガメたちを狙って、海鳥たちが次々に襲いかかってくる。

海にたどりつくまでが一苦労なのだ。

ウミガメの一生は、危険に満ちている。

無事に海にたどりついたとしても、子ガメたちは大型の魚の標的にされる。大海原(おおうなばら)の中で、ウミガメの子どもはあまりにも小さく、弱い存在なのだ。

そんなウミガメたちは、世界の海を回遊しながら成長する。そして、数十年を経て大人になるのだ。

しかし、その旅は危険に満ちている。ウミガメが一人前の大人になるのは、並大抵のことではないのだ。

そんな危険な旅の末にウミガメは、故郷の海に何十年ぶりに戻ってくるのである。

砂浜に打ち上げられていたのは、そんなウミガメの死体なのだ。

13 ▼ 深海のメスのカニはなぜ冷たい海に向かったか

イエティクラブ

そこは、深い深い海の底である。

太陽の光は届かず、ただ暗黒だけが広がる。そんな世界である。

「ルカ」という言葉を聞いたことがあるだろうか？

生命の始まりは、三八億年も昔のことである。

古代の地球の海で、有機物が集まり、最初の生命が産声（うぶごえ）を上げた。この最初の生命が「ルカ（全生物最終共通祖先）」と呼ばれている。

命を持たない「虚無」が集まって、「生命」が創られた。こんな奇跡が遠い昔に起こったのである。

やがて、この生命は多種多様な進化をし、地球を生命の星へと導いていく。

地球上に生きるすべての動物も、すべての植物も、元をたどればルカにたどりつくのである。

現代の地球にも、生命の源を思わせる場所がある。

それが暗闇に覆われた深い海の底である。

深い深い海の底に、熱水が噴き出る「熱水噴出孔」と呼ばれる場所があるのだ。

マントル対流によって海底の岩盤は海溝へと引きずり込まれていく。この摩擦熱によって熱せられた地下水が噴き出てくるのである。

生命の起源は謎に包まれている。しかし三八億年の昔、生命らしきものがまったく存在しない死の星であった地球に、最初の生命が誕生したのは、このような場所であったとも考えられている。

火山活動によって地中から噴出する熱水には硫黄化合物が含まれる。現在の生物の多くは、酸素を用いて生命活動を行うエネルギーを作り出すが、酸素がなかった原始地球の環境ではこの硫黄化合物を分解することで、エネルギーを生み出していたのである。

ずいぶんと奇妙な生命活動だと思うかもしれないが、これが私たちすべての生命の始まりだったのである。

現在でも、このように硫黄を分解する微生物が噴出孔の周辺に生息している。微生物が存在することができれば、それを餌にする小さな生き物たちも、そこに棲むことができる。そして、その小さな生き物を餌にして、大きな生き物もそこに棲みつく。こうして、熱水噴出孔のまわりには食物連鎖が生まれ、小さな生態系が作られるのである。

太陽の光の届かない真っ暗い闇の中に、そんな生命の営みがあるのだ。

チューブ状の殻を持つものや硫化鉄の鎧（よろい）で身を守るものなど、噴出孔のまわりには、およそ地球上の生物とは思えないような奇妙な姿かたちをした生物が群がっている。

イエティクラブもまた、噴出孔のまわりで見られるカニである。

イエティは、ヒマラヤ山脈に存在するという雪男のことである。つまり「雪男ガニ」という意味なのだ。イエティクラブは、毛むくじゃらの腕と、白い体から、そう名付けられた。

深い海の底では、餌となる生物は多くない。イエティクラブは、この腕の長い毛にバクテリアを棲まわせて餌にしていると考えられている。

南極沖でも、深海の噴出孔のまわりでイエティクラブが発見されている。

南極の深海は極寒である。水温はわずか二℃。凍りつくような寒さだ。

ところが、熱水が噴き出ている噴出孔のまわりは水温が高い。そのため、そこにイエティクラブが密集していたのである。もっとも、噴出孔から出る熱水は四〇〇℃もの高温になるから、近づきすぎれば火傷（やけど）ではすまない。熱水に触れればたちまち死んでしまうことだろう。

とはいえ、熱水から離れすぎれば、冷たい海の底で凍死してしまう。近づきすぎてもダメ、離れすぎてもダメ、絶妙な距離感が必要となる。イエティクラブは、そんな過酷な環境の中で、噴出孔にすがりつくようにして暮らしているのである。

しかし、である。

この噴出孔から離れた冷たい深海で、何匹かのメスが発見された。

何も見えない暗い海の底とはいえ、海水が冷たいのか、温かいのかは区別できる。温かい水を求めていれば、命の源である噴出孔を見失うようなことは考えられない。

どうして、生命の源泉から離れた場所に、このカニたちはいたのだろう。

その理由は不明である。

しかし、これらのメスたちが噴出孔を離れたのは、卵を産むためだったのではないか、と考えられている。

噴出孔は生物にとって、命の源である。海は凍えるほど冷たく、餌となるバクテリアさえ死んでしまうかもしれない。噴出孔を離れたメスのカニは、冷たい海の中で、体力を失い、体は傷んでいくことだろう。卵を産むためとはいえ、そこを離れればやがてはメスのカニの命も尽きてしまう。

それでも母である彼女たちは、歩くことをやめようとはしない。卵を産む場所を求めて歩き続けるのだ。

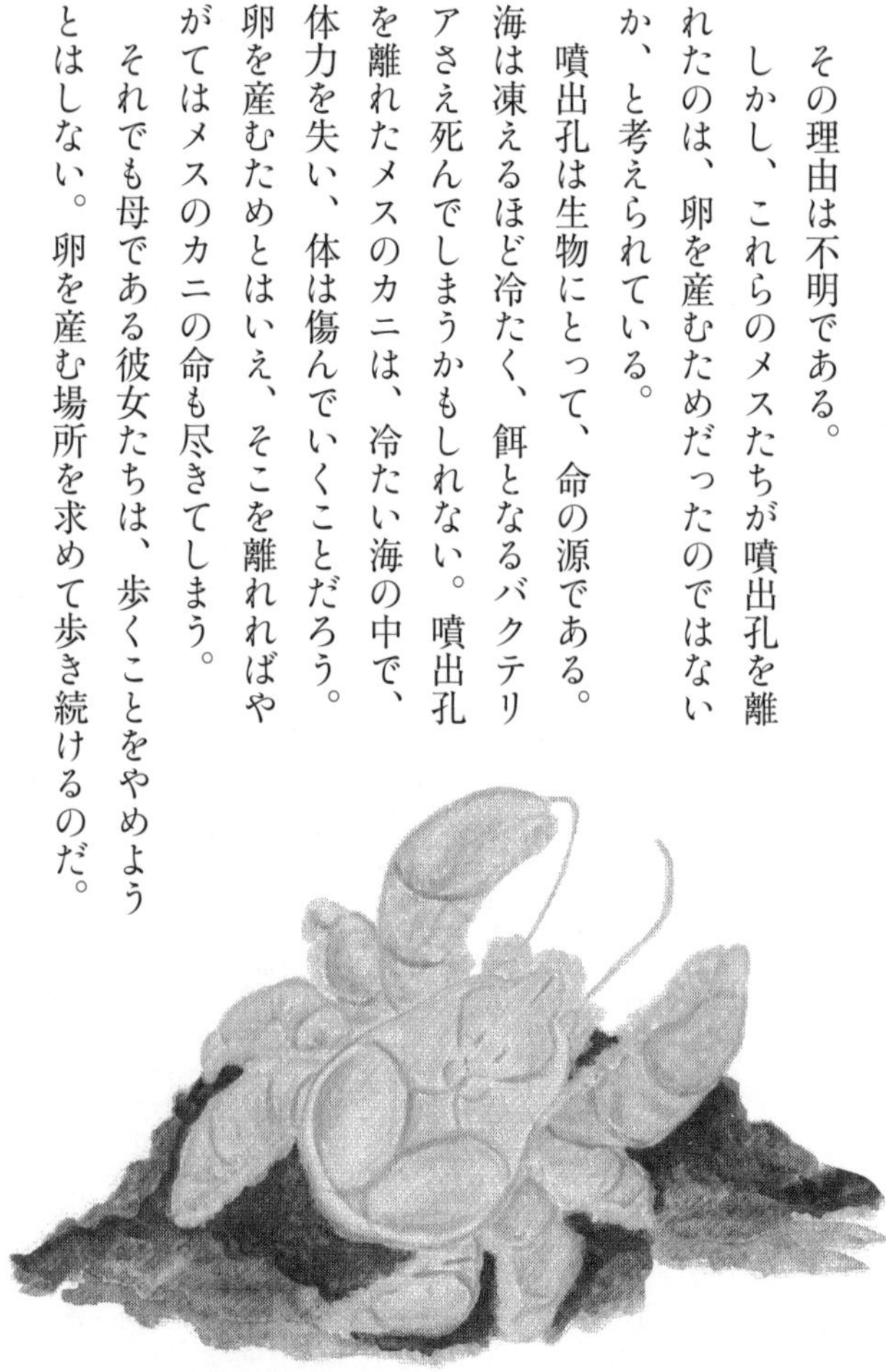

もちろん、二度と噴出孔に戻ることはできない。

深海に暮らすイエティクラブの寿命はわかっていない。しかし、彼女たちは、死ぬ前に一度だけ卵を産むと考えられている。

つまり、噴出孔を離れる彼女たちの行動は、死出の旅なのである。

どうして、こんな過酷な旅に出るのであろうか。原因は不明である。

しかし、そこまでしてメスのカニが噴出孔を離れるのには、それだけの理由があるはずである。もしかすると、カニの幼生が育つためには、低い温度が必要なのではないか、そのため、母ガニたちは自らの命を犠牲にして、子どもたちに適した水温を目指すのではないかと推察されているのである。

そして、彼女たちは卵を産み残し、冷たい海の中で死んでいくのだ。

ヘミングウェイの小説「キリマンジャロの雪」には、次のような話がある。

キリマンジャロは標高6007メートルの雪におおわれた山で、アフリカの最高峰である。西側の山頂はマサイ語で「ヌガイェ　ヌガイ」、神の家と呼ばれている。その「神の家」近くに、一頭の干からびた豹のしかばねが凍りついている。豹がこんな高地に何を求めてやってきたのか、理由は誰にもわからない。

母となるイエティクラブも、何を思って冷たい海へと旅立つのだろうか。
本当のことは誰にもわからない。
しかし、イエティクラブたちは、こうやって何代も何代も命を伝えてきた。
地球の海の底で、命のリレーがつながってきたのである。

14 ▼ 太古より海底に降り注ぐプランクトンの遺骸

マリンスノー

光の届かない深い海の中で、白いものが、まるで雪のように舞い落ちていく。

この雪のような物体は、マリンスノーと呼ばれている。その名のとおり「海の雪」である。

マリンスノーの正体は、プランクトンの死骸である。

プランクトンは、「浮遊する」という意味のギリシャ語に由来し、水の中を漂う小さな微生物を意味している。

プランクトンの中には、さまざまなものが含まれる。生まれたばかりの小さな稚魚や、エビやカニの幼生、ミジンコのような微生物、さらには、小さな単細胞生物もプランクトンと呼ばれる。

たった一つの細胞で構成される単細胞生物は、もっとも原始的な生物である。複雑な仕組みは持たず、ただ細胞分裂をして増えていくだけである。

一つの細胞が二つに分かれていく。これは元の個体が死んで、新たな個体が生まれたのだろうか。それとも、元の個体は生きたまま分身したのだろうか。

「死」とはいったい、何なのだろう。単純な生き物である単細胞生物にとって「死」とは単純ではない。

細胞が二つに分かれたときに、死んでしまった元の個体の死体が残るわけではない。元の個体と同じ単細胞生物が二つになるだけである。死んだ個体が残らないということは、そこに「死」はないことになる。

ひたすらコピーを繰り返して増えていくだけの、この単純な生物に、生物学的な定義での「死」はないとされている。

生命が地球に誕生したのは、三八億年も前のことである。すべての生命が単細胞生物であったこの時代に、生物に「死」は存在しなかった。

生物に「死」が訪れるようになったのは、一〇億年ほど前ではないかと考えられている。長い間、生物に死はなかったのだ。「死」は、三八億年に及ぶ生命の歴史の中で、生物自身が作り出した偉大な発明なのである。

一つの生命がコピーをして増えていくだけであれば、新しいものを作り出すことはできない。さらには、コピーミスによる劣化も起こる。そこで、生物はコピーをするのではなく、一度、壊して、新しく作り直すという方法を選ぶのである。まさに、スクラップアンドビルドである。

しかし、まったくすべてを壊してしまえば、元に戻すのは大変である。そこで生命は元の個体から遺伝情報を持ち寄って、新しいものを作る方法を編み出した。これが、オスとメスという性である。つまり、オスとメスという仕組みを生み出すと同時に、生物は「死」というシステムを作り出したのである。

比較的複雑な構造を持つ単細胞生物であるゾウリムシには、オスとメスという明確な「性」はないものの、二つの個体が接合して遺伝子を交換し、新たな二体の個体となる。

二体のゾウリムシが接合して、新たな二体のゾウリムシとなるが、こうして生まれ変わったゾウリムシは、元のゾウリムシと違う個体だから、これは新たなゾウリムシを作り上げて、元の個体は死んでしまったと考えることができる。

こうして、生命は「死」と「再生」という仕組みを創り出したのである。

単細胞生物は死なない。しかし、それは寿命がないというだけの話である。単細胞生物も永遠に生き続けるわけではない。分身したコピーの中には生きながらえるものもあるが、単純な構造の単細胞生物はわずかな水質や水温の変化によって死んでしまう。こうした単細胞生物の死骸が、海の底へと降り積もってゆくのである。

長い長い地球の歴史の中で、マリンスノーは降り続けた。

「塵も積もれば山となる」のことわざのとおり、小さなプランクトンの死骸は、長い地球の歴史の中で次第に堆積してゆき、ついには岩となった。

チャートと呼ばれる岩石は、放散虫と呼ばれる小さなプランクトンの作り出した殻が積み重なって形成されたものである。また、石灰岩も有孔虫という小さなプランクトンの殻が堆積してできたものである。

気の遠くなるような時の流れの中で、小さなプランクトンたちの遺骸が、地球の大地を創り上げていったのだ。これだけの岩石を作るために、いったい、どれだけの生命が生まれて、消えていったことだろう。いったい、どれだけの生命の営みがあったことだろう。

音を立てることもなく、静かに静かにプランクトンの遺骸は、沈んでゆく。けっして止むことなく、誰に見られることもなく、暗い海の底へとマリンスノーは降り積もってゆく。

生命はこうやって、三八億年も続いてきたのだ。

15▼餌にたどりつくまでの長く危険な道のり　アリ

不幸というものは、ある日突然訪れる。

アリの巣は、じつに巨大な組織である。巣の中には数百匹とも言われるアリたちが暮らしている。大きな巣には、数十億匹ものアリがいることもあるというから、驚きだ。まさに、巨大国家のような規模である。

アリの集団の中には一匹の女王アリと、数匹の雄アリがいる。そして巣の大部分を占めるのが、ワーカーと呼ばれるメスの働きアリだ。何しろ働きアリは忙しい。これだけの集団を維持するために、巣の外に餌を探しに出かけなければばならないのだ。

アリが一回餌を取りに行くための移動距離は、往復で一〇〇メートルを超えるという。おそらくは、この距離を何度も行き来するのであろう。

アリの体長は一センチメートルほどだから、アリにとっての一〇〇メートルは、私たちの感覚ではおよそ一〇キロメートルに相当する。これを餌という荷物を運びながら歩くのだから、かなりの労働である。

しかも、巣の外は危険に満ちている。これだけ遠い距離まで歩いていくとなると、思わぬハプニングにあうことも多いだろう。巣を出たまま戻らない仲間も、何匹もいるはずである。

ある日のこと、一匹のアリがいつものように軽快に六本の足を動かしながら、餌場を目指していた。アリの歩く速さは、一秒間に一〇センチメートル。時速三六〇メートルの速さだ。アリの体長を一メートルと仮定すれば、その速度は、

時速三六キロメートルになる。乗用車並みの速さだ。陸上男子の一〇〇メートルの世界記録は、およそ時速三七キロメートルと言われているから、働きアリはオリンピック選手と同じくらいのスピードで移動していることになる。

働きアリの彼女も、一目散に餌場を目指した。

その日は、いつもより日差しが強い。日向(ひなた)は焼けるような暑さだった。ここを過ぎれば、後は餌場までは日陰が続く。

昨日の餌場が見えてきた。もう少しだ。足取りも軽くなる。

そのとき、ふっと足を取られたような気がした。気のせいではない。そこにあるはずの地面がないのだ。

一〇〇メートル走を走るアスリート並みの速度での移動中のことである。突然、視界から餌場が見えなくなった。

どうやら、地面の窪(くぼ)みに入ってしまったようだ。

急いで、斜面を上ろうとするが、やけに細かい砂で上りにくい。爪を地面に引っかけて上ろうとすると、足場にした砂も崩れ落ちていく。思うように上れないのだ。

「あり地獄だ！」

彼女が気づいたときは、すでに遅い。彼女はすり鉢状のアリジゴクの巣に足を踏み入れてしまっていたのである。

俗にアリジゴクと呼ばれる虫は、ウスバカゲロウという虫の幼虫である。成虫のウスバカゲロウは繊細でスマートな形をしているが、幼虫のアリジゴクは不気味に大きなキバを持ち、ウスバカゲロウからは連想できないほど、醜くグロテスクな格好をしている。そして、地面にすり鉢状の巣を作り、その奥に潜んで、巣に落ちてきたアリをキバで挟んで捕えるのである。アリにとっては、文字どおり「地獄」なのだ。

不意を突かれてアリジゴクの巣に落ちてしまった彼女は、必死によじ上ろうとするが、砂が崩れて脱出するのは容易ではない。

砂を山盛りにしたとき、砂が崩れず安定している際の斜面と水平面のなす最大角度を安息角という。じつは、アリジゴクのすり鉢状の巣は、砂が崩れない安息角に保たれている。そのため、小さなアリが足を踏み入れただけで限界点を超え、砂が崩れ落ちるのである。

しかも、安息角は一定ではない。砂が湿ると崩れにくくなるので、砂が崩れるギリギリの角度は大きくなる。そこで、アリジゴクはそのときの湿度に合わせてこまめに巣の傾斜を調整しているのである。

すり鉢状の巣に落ちれば、一巻の終わりだ。アリは必死に足を動かす。はい上がってもはい上がっても足元の砂は崩れ落ちてくる。

ただ、アリは垂直な壁も上れるほど鋭い爪を持っているので、砂が崩れても崩れても、足を動かし続ければ、アリジゴクの巣から脱出することも可能だ。

必死にもがいて、足を動かし、もう少しで上り切れるというときである。突然、下から砂つぶてが飛んできた。アリジゴクが獲物を目がけて、頭を上下させながらキバを使って砂粒を投げているのである。

やっとつかんだ地面が、アリジゴクが投げた砂粒とともに、崩れ落ちていく。砂が崩れてははい上がり、はい上がっては砂が崩れていく。

不幸というものは、ある日突然訪れる。

「奈落（ならく）」とは、仏教語で地獄を意味している。

まさに、奈落の底なのだろうか。必死にはい上がろうとしていたアリもついには、アリジゴクの爪牙（そうが）にかかり、餌食となってしまった。

哺乳類（ほにゅう）の場合、時間の感覚は体の大きさによって異なり、大きな動物は時間がゆっくり流れるように感じられ、小さな動物は時間が早く経過するように感じられると言われている。アリの時間感覚は想像することもできないが、アリは体が小さく、せわしなく足を動かしながら早足で移動する。アリにとっては、最後の最後まであがき、もがいた末の死だったのだろう。しかし、アリに比べてずっと体の大きな人間にとっては、すべては一瞬の出来事である。

働きアリの寿命はおよそ一～二年と言われる。しかし、危険の多い働きアリは寿命を迎えるまでに死んでしまうものも多い。

アリジゴクは、アリの体に牙(きば)を刺し込んで体液を吸い取る。そして、干からびた亡骸(なきがら)は巣の外に捨てるのである。

恐ろしいアリジゴクの巣ではあるが、単純な落とし穴にたまたま落ちるアリはけっして多くない。首尾よく逃げ出してしまうアリもいる。

アリジゴクの生活は常に飢えとの戦いである。絶食に耐えられるような体の仕組みにはなっているが、それでも獲物がなければ餓死(がし)してしまう。アリジゴクにとっても、生き抜くことは簡単なことではないのだ。今日は、アリジゴクにとっては、数カ月ぶりのご馳走(ちそう)だった。

アリジゴクのウスバカゲロウになってからは、数週間～一カ月程度しか生きることができない。しかし、幼虫のアリジゴクとして過ごす期間は栄養条件によって異なるが一〜三年ほど続く。昆虫にとってはおそろしく長いこの期間は、ずっと飢えとの闘いだ。

日差しが強くなってきた。今日も暑くなりそうである。

そしてアリジゴクにとっては、また、アリが落ちてくるのを待ち続けるだけの日が続くのだ。

16▼卵を産めなくなった女王アリの最期

シロアリ

シロアリという名前であるが、実際にはアリの仲間ではない。アリは昆虫の中では進化したタイプであるのに対して、シロアリは、三億年前の古生代から今と変わらない姿をした「生きた化石」と呼ばれるほどの古いタイプの昆虫である。シロアリはゴキブリ目に分類されていて、アリよりもゴキブリに近い昆虫なのである。

シロアリは、一匹の王である雄アリと女王アリのつがいと、オスとメスからなる働きアリや兵隊アリでコロニーを作る。そのコロニーは、種類にもよるが数十万匹から一〇〇万匹を超えるような巨大な集団となる。

女王アリの仕事は卵を産むことである。女王アリ以外のメスのアリは卵を産むことができない。女王アリは、日々たくさんの卵を産んでいく。その卵からかえった働きアリたちは、かいがいしく働き、王国のために尽くすのだ。

もちろん、女王アリが、自ら餌を集めたり、部屋の掃除をする必要はない。働きアリたちが餌を食べさせてくれるし、部屋の掃除や排泄物の世話さえしてくれる。女王が産んだ卵からかえった幼虫の世話も働きアリの仕事だ。女王アリは何もする必要はない。ただ、卵さえ産んでいればいいのだ。

働きアリが、数年の寿命であるのに対して、女王アリは一〇年以上も生きることが知られている。長いものでは数十年生きる女王アリも発見されているというからすごい。昆虫の寿命は長くても一年以内のものが多いから、シロアリの女王アリは、もっとも長寿な昆虫と言われているほどだ。

もっとも、女王アリは、多くの卵を産むために腹部を発達させているので、体が重く、活発には動けない。しかし、それでもまったく問題はない。身のまわりのことはすべて働きアリがしてくれるのだから。まさに女王にふさわしい高貴で優雅な生活だ。

一匹の女王アリは、一日に数百個もの卵を、一年中休むことなく毎日産むのである。単純計算でも、年間何万匹もの働きアリを産むことになる。こうして、女王から生まれた働きアリたちによって、巨大な王国が作られているのである。

シロアリのように役割分担を決めた社会を作り出す生物は、「真社会性生物」と呼ばれている。働きアリは、巣のために働くという役割のみが、兵隊アリは巣を守るという役割のみが、そして、女王アリは卵を産むという役割のみが与えられているのである。

一匹の生物が、巣を守り、餌を獲り、子孫も残すというすべてをこなすのは大変である。巣を守れなくても死んでしまうし、餌を獲れなくても死んでしまう。もちろん、子孫を残せなければ、自らの血を絶やしてしまうことになる。

そこで、シロアリなど社会性を持つ生き物は、大きな集団を作り、役割分担をして集団を守るという戦略を発達させたのである。個人事業主ではなく、組織化された大企業を目指したのである。

しかし、不思議なことがある。

すべての生き物にとって、子孫を残し、自らの遺伝子を次の世代につなぐことは重要である。それなのに、どうして働きアリたちは、自らは子孫を残さずに、巣のために尽くすという使命に従っているのだろうか。

女王アリから生まれた働きアリたちは、すべて血を分けた、自らと同じ遺伝子を持つ兄弟姉妹である。そして、その兄弟姉妹たちによって巨大な王国が築かれている。つまり、兄弟姉妹で構成された巣を守ることとは、自らの遺伝子を共有するものを守ることになる。やがて、自分たちの兄弟姉妹から新しい王や女王が誕生すれば、生まれた子どもたちは、甥っ子や姪っ子にあたる。つまり、自らの遺伝子を引き継ぐ甥や姪が次々に生まれていくことになるのだ。何も自分で子孫を残さなければ遺伝子を残せないわけではない。兄弟姉妹を守ることが、結果的には自らの遺伝子を残すことになるのである。そのため、働きアリたちは、黙々と働き続けるのだ。

シロアリは、一般に、家屋の基礎部分などの腐った木の中に巣を作り、その木材を餌にする。そのためシロアリの働きアリたちは、腐った木の中に築かれた王国の中で安心して仕事ができる。

しかし、この生活には一つだけ、問題がある。

木の中に棲みながらその木を食べているのだから、部屋の壁や天井を食べ尽くせば、棲む部屋がなくなってしまうのだ。そのため、シロアリは、今の住まいとは別の箇所の木材を食べて新しい部屋を作りながら、古い部屋は食べて片づけ、新居に移動しなければならない。

働きアリは自分の足で簡単に移動できる。しかし、女王アリはそうはいかない。巨大な腹部を持つ女王アリは、自力では移動できないのだ。女王アリは、働きアリたちに運んでもらわなければならないのである。

しかし、このとき女王アリに恐怖が訪れる。

働きアリが、女王アリを連れて移動するとは限らないのだ。

「女王」とは言っても、彼女に働きアリへの命令権はない。働きアリは、自らのために女王アリの世話をしている。女王アリを連れていくかどうかは、働きアリたちが判断するのだ。

女王にとって働きアリが働くマシンであるならば、働きアリたちにとって女王アリは、いわば卵を産むマシンでしかない。卵を産むことだけが、女王の価値なのだ。

シロアリの巣の中には、女王が死んだときのために副女王アリが控えている。

卵を産む能力の高い女王は、当たり前のように働きアリたちに連れられて新しい部屋へと運ばれてゆく。しかし、もし、卵を産む能力が低いと判断を下されれば、働きアリは、女王を運ぼうとはしない。運ぶ価値がないという烙印を押されてしまうのだ。そして、副女王アリが、新しい女王の座につく。こうして何事もなかったかのように王国は維持されていくのだ。

働きアリは休むことなく、女王の世話をし続けてきた。女王アリは休みなく卵を産まされ続けてきた。働き続ける働きアリと卵を産み続ける女王アリ。働かされているのは、本当はどちらなのだろうか。

歳をとり、卵を産む能力の低くなった女王アリは、働きアリたちに見向きもされず、容赦なく捨てられていく。

もしかすると、女王の地位に君臨した女王アリは、働きアリを憐れんでみたことがあったかもしれない。しかし今や、働きアリは年老いた女王アリを憐れむことさえなく、置き去りにしていく。

卵を産むために生まれ、卵を産み続けてきた女王アリ……

彼女は歩くことはできない。誰かが運んでくれなければ移動できないのだ。しかし、もう誰も戻ってはこないだろう。もう誰も餌を運んでくることはないだろう。たくさんの子どもたちを産んだ思い出の詰まった古い部屋に、彼女だけが置き去りにされていく。

それが女王である彼女の最期なのである。

17 ▼ 戦うために生まれてきた永遠の幼虫

兵隊アブラムシ

「彼女は戦うために生まれてきた。
彼女は戦士なのである。
彼女は戦うために生まれてきた。
そして戦うことに生き、戦って死んでいく。それが彼女に与えられた宿命なのである」

映画であれば、この物語はこんなナレーションから始まるのだろうか。

彼女は、兵隊アブラムシである。「彼女」と呼ぶのは、すべての兵隊アブラムシがメスだからである。

兵隊アブラムシというのは、アブラムシの種類のことではない。

アリやシロアリの中には、兵隊アリと呼ばれる巣を守るための戦闘用の働きアリがいることが知られている。兵隊アブラムシもそれと同じである。アブラムシの中にもアリやシロアリと同じように集団を作って暮らしているものがあり、その中には兵隊アリのような戦闘用の個体を持つものがいるのである。この戦闘用の個体が、兵隊アブラムシと呼ばれている。兵隊アブラムシは、戦うために生み出されるのである。

アブラムシの仲間は四〇〇〇種以上が知られているが、そのうち五〇種程度が、兵隊アブラムシという階級を持つことが知られている。

それにしても兵隊アブラムシは、数奇な運命を背負わされた存在である。

アリやシロアリの兵隊アリは、幼いときには他の働きアリと同じように育てられ、成虫になったときに兵隊として役割を果たす。

しかし、兵隊アブラムシは、そうではない。彼女たちは生まれながらにして戦うことのできる兵士である。彼女たちには、生まれたときから武器が与えられている。それが、厚い皮膚も貫く鋭い口針である。針には、毒が仕込まれていて、この口針で刺せば、敵を倒すことができるのだ。こうして、彼女たちはアブラムシを餌にする天敵の昆虫から群れを守るのである。

それだけではない。彼女たちのすべては、少女兵である。普通のアブラムシは卵から生まれた一齢幼虫から脱皮を繰り返し、やがて成虫となる。ところが、兵隊アブラムシは、生まれたばかりの一齢幼虫のまま成長することはない。成長の仕組みが備わっていないのだ。

昆虫にとって「成虫」とは、子孫を残すための繁殖の世代である。兵隊アブラムシに与えられた使命は、他のアブラムシを守ることである。戦うために生まれてきた彼女たちは子孫を産む必要もなければ、成長する必要さえないのだ。そのため、彼女たちは幼虫のまま戦い続け、幼虫のまま死んでいく。彼女たちは幼き少女兵として、常に最前線で特攻を繰り返す宿命にあるのである。

一般的なアブラムシの寿命は一カ月程度である。アブラムシを狙う天敵は多い。危険な戦いを強いられる兵隊アブラムシの寿命は明らかではないが、寿命を全うできる兵士は多くはないことだろう。

スター・ウォーズなどのSF映画では、クローンで量産されたクローン兵が登場するが、驚くべきことに兵隊アブラムシは、現実に存在するクローン兵である。

アブラムシのメスは、自らと同じ遺伝子を持ったクローンの子どもを産むことができる。こうして生まれた幼虫のうち、あるものは普通のアブラムシとして生まれて、成虫へと成長を遂げる。そしてあるものは戦闘用の兵士として産み落とされるのである。

同じ遺伝子を引き継ぐ姉妹でありながら、一方は生まれながらにして兵士として戦う宿命を背負っているのである。

クローンは、遺伝的には同じ性質を持つコピーであり、親の分身でもある。同じクローンとして生まれながら、親を守るための兵士として生まれてくる幼虫たち。そして、彼女たちは成長することなく幼虫のまま死んでいくのである。何という悲しい定めなのだろう。

アブラムシは昆虫の中でも弱い存在である。シジミチョウやクサカゲロウの幼虫、テントウムシなどアブラムシを餌にする昆虫は多い。どんなに数を産み増やしても、次々に食べられるだけである。

しかし、兵隊アブラムシたちが身を犠牲にして戦えば、仲間の命を救うことができる。自らは子孫を産むことはできなくても、同じ遺伝子を持つ仲間の命を守ることができれば、それは自らの遺伝子を残したことになる。

そのため、兵隊アブラムシは仲間のために戦うのだ。

同じ遺伝子を持つクローンでありながら、どのようにして戦闘用の幼虫が創り出されるのか、そのメカニズムは未だ謎である。

生まれたばかりの一齢幼虫のまま戦う彼女は、一ミリメートルにも満たないような小さな体である。アブラムシを襲う虫たちは数センチメートルの大きさとはいえ、兵隊アブラムシに比べればずっと大きい。その大きな虫に、飛びかかり口針を突き刺すのだ。当然、天敵の虫は暴れ回り、兵隊アブラムシを振り落とそうとする。兵隊アブラムシの戦い方は、あまりに命知らずで、あまりに無謀な戦い方である。

しかし彼女たちにとっては、戦って死ぬことができれば、本望なのだろう。戦いとは、映画やゲームの世界のようにカッコいいものでもなければ、美しいものでもない。戦いとは、殺し合いだ。命を賭けて殺し合うのだ。それは小さな虫であるアブラムシにとっても同じことである。

集団を守るためだけに生まれてきたと言えば、何とも残酷な感じがするかもしれない。しかし、私たちの体の中でも同じようなことは起こっている。

私たちの体はもともと、たった一個の受精卵だった。つまりは単細胞生物だったのである。このたった一個の細胞が細胞分裂を繰り返し、さまざまな器官を作り上げてきた。そして、六〇兆個とも言える細胞が、分業しながら一つの生命体を形作っているのである。

たとえば、血液中の白血球は、体内に侵入した細菌やウイルスを自らの体の中に取り込んで殺してしまう。そして自らもやがて死んでいくのである。白血球は、私たちの数ある細胞の中で、戦うために生まれてきた防御細胞なのである。傷口に生じる膿（うみ）は、戦い死んでいった白血球の残骸でもある。

白血球は、そういう役割のものなのだと思うかもしれないが、白血球はものではない。他の細胞と同じように、生きている一つの細胞である。そして、私たちのはじまりが受精卵という一個の細胞だったとすれば、戦い死んでいく白血球もまた、私たちの分身であるとも言えるのだ。

私たちの体の中では、白血球に守られながら、他の細胞はのうのうと生き延び、私たちの体も健康に保たれる。

そして、アブラムシの世界では、兵隊アブラムシに守られながら、アブラムシのコロニーは平和に保たれる。

生命は尊く、かくのごとく残酷なのである。

18 ▼ 冬を前に現れ、冬とともに死す〝雪虫〟

ワタアブラムシ

秋は切ない季節である。

秋が深まれば深まるほど、冬の前触れを感じさせられる。

しかし、冬が過ぎれば春がやってくる。冬があるからこそ、春の暖かさを喜ぶことができる。

そんなのんきなことを言っていられるのは、人間だけだろう。

自然界を生きる生き物たちにとって、厳しい冬を乗り越えて春を迎えられる保証は何もない。春を迎えることなく命を落としてしまうものも多いことだろう。

いや、冬を乗り切るチャンスを与えられた生き物はまだいい。春夏秋冬、すべての季節を体験できる生き物は多くない。昆虫などは寿命が一年以内のものが多い。冬越しをすることなく、冬を前にして死んでしまうものがほとんどである。

多くの生き物が死に絶えてしまう冬。

ところが、そんな冬の訪れを告げる風物詩として親しまれている生き物がいる。

この生き物は、井上靖（やすし）が自らの幼少時代を描いた自伝小説のタイトルでも知られている。「しろばんば」というのが、この生き物の呼び名だ。小説「しろばんば」では、こんな風景が描かれている。

「いまから四十数年前のことだが、夕方になると、決まって村の子供たちは口々に〝しろばんば、しろばんば〟と叫びながら、家の前の街道をあっちに走ったり、こっちに走ったりしながら、夕闇のたちこめ始めた空間を綿屑でも舞っているように浮遊している白い小さい生きものを追いかけて遊んだ。」

「しろばんば」とは白い老婆という意味である。老婆のような白髪を見せながら浮遊するこの生き物の正体は、ワタアブラムシというアブラムシの仲間である。

ワタアブラムシは俗に、雪虫とも呼ばれている。まるで粉雪が舞うように飛んでいるのでそう名付けられたのである。地方によっては、「雪ん子」や「雪蛍」などロマンチックな呼ばれ方をすることもある。

雪のように見えるワタアブラムシは、白いワックス状の物質を綿のようにまとっている。そのため、白く見えるのだ。

ワタアブラムシが飛ぶようすは、本当に雪が舞っているように見える。ワタアブラムシには飛翔するための翅(はね)があるが、飛ぶ力は弱く、むしろこのふわふわした綿で風に乗って舞っていく。まさに、雪の妖精のようだ。

それにしても、冬の訪れを告げる雪虫は、どうして雪が舞う時期に、いきなり現れるのだろうか。

ワタアブラムシは、アブラムシの仲間である。

アブラムシは、通常は移動するための翅を持っていない。

アブラムシの仲間は、オスがいなくてもメスだけでクローンの子孫を産み落とす「単為生殖(たんい)」という能力を持っている。そして、クローンを産んで増えていくのだ。しかも卵を産み落とすのではなく、体内で卵をかえして、子虫を産んでいく。当然のことながら、メスから生まれたクローンたちは、すべてメスである。このメスたちが、またクローンのメスを産み、次々にクローンを増やしていく。こうしてアブラムシは、春から秋の間に爆発的に増えていくのである。

このようにクローンで増えていく方法は効率的であるが、問題もある。

クローンで増えた個体は、すべて同じ性質を持った集団なので、環境が合わなければ全滅してしまう危険があるのだ。そのため、効率は悪くとも、オスとメスとが交配して、多様な子孫を残すことも必要になる。

雪虫と呼ばれるアブラムシは何種類もあるが、代表的な雪虫であるトドノネオオワタムシでは、秋の終わりになると、翅のあるメスが生まれ、このメスが空を舞って移動してゆくのだ。そして、このメスがオスとメスを産み、生まれたオスとメスとが交尾をして、冬越しのための卵を産むのである。このようにアブラムシは、春から秋にはクローンで効率よく大量増殖し、秋の終わりには翅で移動して新しい環境に分布を広げながら、新たな環境に適応できるように多様な子孫を残すという二つの戦略を使い分けているのだ。

ワタアブラムシも他のアブラムシと同じように、秋の終わりになると、翅で飛び立つ。そして、雪のように舞いながらパートナーを探すのである。

翅を持って生まれたメスは、夏の季節を知らない。しかし、恋するために命を授けられた存在である。秋の終わりは、アブラムシたちの短い恋の季節なのだ。

冬の訪れの前触れである雪虫は、冬の訪れとともに死んでしまう。短い命である。

雪虫たちの命は、初雪のようにはかない。

雪虫たちはか弱い存在でもある。空中を舞う雪虫を手のひらでつかまえると、人間の体温ですぐに弱ってしまう。風に飛ばされた雪虫たちが、自動車のフロントガラスにくっつくと、再び飛び立つこともできず、ガラスの上でそのまま命が尽きてしまう。

本当にはかない生き物である。

雪虫とは、誰が名付けたのだろう。

本当に、雪が解けるかのように、静かに命が消えていくのである。

堀口大學（だいがく）の詩の中に、春が近づいて解けゆく雪をわが身にたとえた「老雪」という詩がある。

北国も弥生半ばは
雪老いて痩せたりな
つやあせて　香の失せて
わが姿さながらよ
咲く花は　見ずて消ゆ

雪が解ければ、新たな命が芽吹く春になる。しかし、雪虫は春という季節を見ることはできない。
秋の終わりに生まれ冬の訪れとともに死んでゆく雪虫たちは、冬という季節しか知らない。

それでも春になれば、雪虫たちの卵からは、新しい命が一斉に生まれてくることだろう。

しかし、雪虫たちがその春を見ることはないのである。

19▼老化しない奇妙な生き物

ハダカデバネズミ

その動物は、ハダカデバネズミという奇妙な名前をつけられている。

ハダカは裸、デバは出歯、という意味である。つまりそのまま、ハダカで出っ歯なネズミという意味なのだ。

何という名前をつけられたのだろう。

しかし姿を見れば、その名前にも納得させられる。

体には毛がなく赤裸で、口を閉じても歯が出ている。ずいぶんと奇妙な見た目である。

ハダカデバネズミは地下にトンネルを掘り、植物の根などを餌にして生活している。トンネルの中は温度が安定しているため、保温のための体毛は退化し、また、口を閉じたままトンネルを掘れるように歯が出た構造に進化したと考えられている。

この生物が発見されたのは、二〇世紀も後半になってからのことである。東アフリカの乾燥地帯の地下で生活をしていたハダカデバネズミは、これまで人々の目に触れることがなかったのだ。

発見されて間もないハダカデバネズミには未だ謎が多いが、研究が進むにつれて、この生物は極めて奇妙な哺乳類（ほにゅう）であることが明らかになってきた。

ネズミの仲間にしては奇妙な見た目をしているが、その生態はさらに奇妙である。

じつはハダカデバネズミは哺乳類であるにもかかわらず、地中生活をする昆虫のアリに生態が似ているのである。

アリの巣の中では、卵を産む女王アリと、巣の世話をする働きアリ、巣を守る兵隊アリなどの役割分担がある。そしてハダカデバネズミも、アリと同じように地中にコロニーを作り、子どもを産むたった一匹の繁殖メスの女王と、少数の繁殖オスの他には、オスもメスも生殖器官が未発達で、子孫を残すことのないソルジャーとワーカーとに役割分担されているのである。何と奇妙な哺乳類だろう。

このように、繁殖行為をする個体としない個体が役割分担をする性質は「真社会性」と呼ばれていて、昆虫ではアリの他にも、ハチやミツバチなどに広く見られる。しかし、昆虫とは別の進化を遂げた哺乳類の仲間では、極めて珍しい性質である。

もっとも、哺乳類であるハダカデバネズミは、アリやシロアリとは異なることもある。

アリやシロアリはクローンの子孫を残すことができるが、哺乳類はクローンの子孫を作れない。また、アリやシロアリは一日に数十～数百個の卵を毎日生み続けることができるが、ハダカデバネズミは二カ月余りの妊娠期間があり、他のネズミと同じように一回あたりの出産数は一〇匹程度である。

またハダカデバネズミは、アリやシロアリのように明確に階級が分かれているわけではない。どのメスも女王になり、どのオスも王になる資格がある。そのため、女王は群れの秩序を守るために常に巣の中を回りながら、フェロモンを分泌し、ワーカーたちの繁殖行動を抑える。謀反（むほん）は許さないのだ。

さらには、ワーカーと呼ばれる個体も、生まれながらのワーカーではない。ワーカーは女王の糞を食べることで初めて母性を獲得し、女王の産んだ子どもを育てるようになると言われている。

それだけではない。ハダカデバネズミには、さらに不思議なことがある。

驚くべきことに、老化現象が見られないのである。そのため、その生態を解明することは、不老長寿の実現につながるのではないかと期待されている。

もっとも、毛が生えていなくて、しわくちゃな肌をしたハダカデバネズミは、年齢にかかわらず、どの個体も年老いて見える。若いときに老け顔の人は、歳をとっても変わらないとよく言うが、老いた体に見えるハダカデバネズミも老化しないというのだ。

「老化しない」ことは不思議に思えるが、よくよく考えてみれば、本当は「老化する」ことの方が不思議である。

私たちは、歳をとると体にガタがくるのは、当たり前と思うかもしれないが、そうではない。

確かに家電製品や自動車は、年数が経てば古くなる。

しかし、人間の体はずっと同じものを使い続けているわけではない。人間の体は細胞分裂を繰り返しており、常に新しい細胞が生まれ続けているのである。

たとえば、肌の細胞であれば、一カ月ですべて新しく生まれ変わる。そのた

め、私たちの体は生まれたての細胞で包まれている。生まれたての赤ん坊と同じなのだ。

しかしながら、私たちの肌はどう見ても赤ちゃんのようにピチピチではない。

それは、細胞が老化するというプログラムを持っているからなのである。

もともと、細胞分裂を繰り返すだけの単細胞生物は「老いて死ぬ」ことはなかった。しかし単細胞生物が多細胞生物へと進化をしていく過程で、生命は「老いて死ぬ」という仕組みを作り出したのだ。

「古いものを壊し、新しいものを創り上げる」

これが、生命が作り出したシステムである。つまり、「死ぬことのない」単細胞生物は古いタイプであり、「老いて死ぬ」生物は、新しく高度なタイプなのである。

細胞の中の染色体には、テロメアという部分がある。このテロメアが、細胞分裂をするたびに短くなることが知られており、これが老化の原因とされている。

テロメアは老いて死ぬために用意されたタイマーである。テロメアが刻々と死へのカウントダウンを刻んでいくのだ。

テロメアさえなければ、人は老化することなく、不老不死が実現するのではないかという考えもある。

しかし、生物はわざわざテロメアを進化させてきた。

生物は進化の過程で、生存に不必要な遺伝情報は淘汰したり、機能しない仕組みを退化させてきた。もし、老化する仕組みが生物にとって不利な性質であるのならば、生物は自らの遺伝子からテロメアを取り除いたり、機能を抑制するくらいのことは、とっくに実現しているはずである。

テロメアは、生物が自ら獲得した時限装置である。

「老いて死ぬ」ことは、生物が望んでいることなのだ。


生命は世代交代を進めるために、「老いて死ぬ」という仕組みを作り出した。しかし、ハダカデバネズミはこの老化という仕組みをなくしてしまった。

イルカの足が退化したり、モグラの目が退化したり、人間のしっぽが退化したりしたように、ハダカデバネズミは、老化するという生物の根源的な性質を退化させたのである。

ハダカデバネズミが「老化」という仕組みを退化させ、不老長寿となった理由は不明である。

ただ、推定できる要因はある。ハダカデバネズミは餌が少ない乾燥地帯を生き抜くために、地下にトンネルを掘って生活をしている。子どもを産む繁殖メス、巣を守るソルジャー、餌を集めたり巣の世話をするワーカーといった分業の進んだ群れを作ることによって、厳しい環境を生き抜こうとしたのである。アリやシロアリなど分業化した社会を作る昆虫では、繁殖をするメスは長生きする。ハダカデバネズミもより多く子孫を増やすために繁殖メスは長生きするようになったのではないだろうか。

それでは、ハダカデバネズミのワーカーが老化しないのはどうしてだろう。繁殖メスが次々に子どもを産んで、コロニーを大きくしていくから、群れを構成しているワーカーたちは、すべて一匹の繁殖メスから生まれた兄弟姉妹となる。

一般的には、動物は子どもを産み、その子どもがまた子どもを産み、というように世代交代を進めながら増えていく。こうして新しい個体に遺伝子が引き継がれ、古い個体は不必要となる。そのため、古い個体は老いて死ぬのである。

しかし、ハダカデバネズミは生まれた子どもはみんなワーカーで子どもを産むことがないから、世代交代をすることがない。兄弟姉妹を増やしていくハダカデバネズミの繁殖方法であれば、古い個体が死ぬ必要がない。むしろ、古い個体も、新しい兄弟姉妹と同じように巣のために働いた方が、集団は大きくなるし、集団の力にもなる。そのため、ハダガデバネズミは老化することなく長生きなのかもしれない。

とはいえ、すべての哺乳類が老化していく中で、老化しないという性質は本当に不思議である。ハダカデバネズミの寿命は明らかではない。これまで、三〇年を超えて生きている長寿な個体が確認されているが、ネズミの仲間の寿命は長くても数年程度が一般的だから、三〇年とは、不老長寿と呼べるほどの長生きである。

さらには、病気にも強く、がんになりにくい仕組みも持っているというから、うらやましい限りだ。

もっとも、ハダカデバネズミは、老化現象が見られないというだけで、死なないわけではない。

一般に、哺乳類は歳をとればとるほど、老化が進み、体が弱ったり、病気にかかりやすくなったりして、死亡率が上がっていく。ところが、ハダカデバネズミは年齢にかかわらず、死亡率が一定なのである。

これが、ハダカデバネズミが不老長寿と言われる所以(ゆえん)である。

病気に強いとはいっても、病気にならないわけではない。また、自然界では、傷ついたりケガをすることもある。老化がなく、老衰で死ぬことのないハダカデバネズミの最期は、病気やケガなどである。老衰で死ぬことは許されないのだ。

ただ、歳をとるほど体が弱って事故にあいやすいとか、病気にかかりやすいといったことではまったくないようだ。若い個体であっても、歳を経た個体であっても、一定の割合で、同じように事故にあって死んだり、病気になって死んだりするのである。

老いることはなくても、死は常に隣り合わせにある。
ただ、それだけのことなのである。

20 ▼ 花の蜜集めは晩年に課された危険な任務

ミツバチ

ミツバチは、その一生をかけて、働きづめに働いて、やっとスプーン一杯の蜂蜜を集めるのだという。

何という憐れな生涯なのだろう。

働きバチは働くために生まれてきた。

ミツバチの世界は階級社会である。ミツバチの巣には一匹の女王バチと数万匹もの働きバチがいる。女王バチから生まれた働きバチはすべてメスのハチである。この数万の働きバチたちは、自らは子孫を残す機能を持っておらず、集団のために働き、そして死んでいくのである。

ミツバチの世界では、たくさん生まれたハチの幼虫の中から、女王になるハチが選ばれる。その選抜の過程など詳しいことはわかっていないが、選ばれた幼虫はロイヤルゼリーという特別な餌を与えられて育つことによって体長一二〜一四ミリメートルの働きバチよりも体の大きな体長一五〜二〇ミリメートルほどの女王バチとなる。そして、女王は卵を産み子孫を増やしていくのである。

働きバチにとって、巣の中にいる大勢の仲間は同じ女王バチから生まれた姉妹である。姉妹は親から遺伝子を引き継いでいるから、仲間を守ることが、自分の

遺伝子を守ることになる。そのため、彼女たちは巣の仲間のために働くのである。

そして、姉妹の中から女王バチが選ばれれば、そこから生まれる次の世代は、働きバチにとっては姪(めい)っ子になる。自らは子孫を残せなくても、自分の遺伝子は受け継がれていくのだ。

ロイヤルゼリーを餌として与えられる女王バチが数年生きるのに対して、働きバチの寿命はわずか一カ月余りである。この間に、働きバチたちは、働けるだけ働くのである。

働きバチというと、花から花へと移動して蜜を集める印象が強いが、働きバチの仕事はそれだけではない。

成虫になった働きバチに与えられる最初の仕事は、内勤である。

働きバチは最初のうちは、巣の中の清掃や幼虫の子守りを行う。

やがて働きバチは巣を作ったり、集められた蜜を管理するなど、責任のある仕事をまかされるようになる。この頃が、働きバチのキャリアにとってもっとも輝かしいときなのだろうか。

働き盛りも過ぎて終わりが近づくようになると……

ミドルを過ぎたミツバチたちに与えられるのは、危険の多い仕事である。初めにまかされるのが、巣の外で蜜を守る護衛係である。ミツバチにとって巣の外は危険極まりない場所である。出入り口とはいえ、巣の外に出ることは緊張を伴う仕事だろう。

そして、働きバチのキャリアの最後の最後に与えられる仕事こそが、花を回って蜜を集める外勤の仕事なのである。

働きバチの寿命は一カ月余り。その生涯の後半、二週間が花を回る期間である。

まだ見ぬ世界への飛翔。しかし、巣の外には危険があふれている。クモやカエルなど、ミツバチを狙う天敵はうじゃうじゃいるし、強い風に吹かれるかもしれないし、雨に打ちつけられるかもしれない。

蜜を集める仕事は、常に死と隣り合わせの仕事だ。いつ命を落とすやもしれない。一度、巣を離れれば無事に戻ってこられる保証など何もないのだ。

働きバチたちは、そんな危険な世界へと、決死の覚悟で飛び立っていく。戻ってくるものもいれば、戻ってこられないものもいる。それがミツバチたちの日常だ。

そんな過酷な仕事を、とても経験の浅いハチにまかせるわけにはいかない。このときこそ、経験豊かなベテランのハチの力の見せどころなのだ。老い先の長くないハチだからこそ、巣のためにできることがある。最後のご奉公として、仲間のために、次の世代のために、危険な任務を担うのである。

老いたミツバチはかいがいしく花から花へと飛び回り、蜜や花粉を集めれば、巣に持ち帰る。そして、再び、危険な下界へと飛び立つ。

これを休むことなく来る日も来る日も繰り返すのである。

働きバチの寿命はわずか一カ月余り。

目まぐるしく働き続けた毎日も、やがて終わりを告げる。

危険を覚悟で飛び立った働きバチは、どこか遠くで命が尽きる。それはお花畑かもしれないし、そうではないかもしれない。

ミツバチの巣は何万もの働きバチで構成されている。毎日、おびただしい数の働きバチが、どこかで命を落としていることだろう。しかし、それでいいのだ。女王バチは、一日に数千個もの卵を産む。そしておびただしい数の新しい働きバチたちが、デビューしてくるのである。


一匹のミツバチは、働きづめに働いて、やっとスプーン一杯の蜂蜜を集める。

そういえば、労働時間が長く、休みなく働く日本のサラリーマンは、世界の人々から「働き蜂」と揶揄(やゆ)されていた。

そんな日本のサラリーマンの生涯収入は平均二億五〇〇〇万円。億単位のお金だからものすごい金額に思えるが、札束にしてみれば事務机の上に簡単に置けてしまう。大きなボストンバッグに入れれば持ち運べてしまうサイズだ。

我々も一生、働いてみても、ミツバチの集めたスプーン一杯の蜜を笑うことはできないのだ。

21 ▼なぜ危険を顧みず道路を横切るのか　ヒキガエル

「カエルに注意」という道路標識が立てられているところがある。

夜になると大量のヒキガエルが道路を横断する。そのため、ヒキガエルを轢(ひ)かないようにドライバーに注意を呼びかけているのだ。

それにしても、どうしてヒキガエルたちは危険を冒してまで道を横切ろうとするのだろうか。


カエルというと水辺に棲(す)んでいるイメージがあるかもしれないが、ヒキガエルは、ふだんは森の中や草原などの陸地に棲んでいる。ただし、幼生であるオタマジャクシは池などの水の中でなければ生きてゆくことができない。そのため、ヒキガエルは、産卵のために、遠く離れた池を目指して移動するのである。ヒキガエルが生きてゆくには、森と池という二つの環境が整った豊かな自然が必要なのである。

ヒキガエルが目指すのは自分が生まれた故郷の池である。池で生まれたヒキガエルは、オタマジャクシから子ガエルになると一斉に池を離れて森の中へと移動し、森の中で成長して大人になるのだ。そして、大人になったヒキガエルは、サケやマスが自分が生まれた川を目指すように、ふるさとの池を目指すのである。もっとも、サケやマスは一生の間に一度の旅をするだけだが、ヒキガエルは、毎年のように森と池との往復を繰り返す。

ヒキガエルの自然界での寿命はよくわかっていないが、一〇年以上は生きるのではないかと言われている。

ヒキガエルの移動が見られるのは春の初めである。

ヒキガエルは、春の早い時期に冬眠から目覚める。そして、水辺に向かって歩き出すのである。

ヒキガエルはカエルの仲間だが、昔は「蝦蟇（がま）」と呼んで「蛙（かえる）」と区別していた。蝦蟇は、他のカエルのように、ピョンピョンと跳（は）ねるようなことはない。ただ、四つ足を動かして地面の上をのそのそと歩いて移動するのである。

ヒキガエルが移動するのは夜である。湿度が高く暖かい夜が、ヒキガエルの産卵には都合がいいらしい。

不思議なことに、満月の夜になると、ヒキガエルの産卵はピークを迎えるという。そのためか、古代中国では、満月にはヒキガエルが棲んでいると信じられていた。

うっすらと月の明かりに照らされた地面を歩き回る蝦蟇の姿は、不気味にも見えるが、神秘的でもある。そのためか、昔の人たちはヒキガエルが地の果てまでも這（は）っていくのだと考えていた。そして、その姿に感動し、詩歌（しいか）にしたためたのである。

ヒキガエルは、万葉集にも詠（よ）まれている。

この照らす　日月の下は
天雲の　向伏（むかぶ）す極み
谷ぐくの　さ渡る極み　きこしをす　国のまほらぞ
（山上憶良（やまのうえのおくら））

谷ぐくというのが、ヒキガエルのことである。この歌は、「太陽と月が照らす下には、天の雲がたなびく果てまでも、ヒキガエルが這い回る果てまでも、大君が治めているすばらしい国である」という意味である。

また、万葉集には、こんな歌もある。

山彦の　答へむ極み
谷ぐくの　さ渡る極み
国形(くにかた)を　見したまひて
冬こもり　春さりゆかば
飛ぶ鳥の　早く来まさね

（高橋虫麻呂(たかはしのむしまろ)）

これは、藤原宇合(ふじわらのうまかい)が九州全土の軍事を監督する「西海節度使」に任じられたときの送別歌で「やまびこのこだまが届くかぎり、ヒキガエルが這い回るかぎりのすべての国のありさまをご覧になって、冬木が芽吹く春になったら空飛ぶ鳥のように早く帰ってきてください」という意味である。

このように、ヒキガエルはどこまでも歩いていくと考えられていた。実際に、数十キロもの距離を歩くというから、地の果てまで歩くという昔の人の話も、けっして大袈裟ではないだろう。

こうして、ヒキガエルは歩き続け、長い旅路の果てに生まれ故郷の池を目指すのである。

しかし、時代は変わってしまった。今や優雅な万葉の時代ではない。

それでもヒキガエルは、変わることなく長い距離を歩くものだから、現代ではヒキガエルの進路は道路でさえぎられることになる。もちろん、ヒキガエルたちはそんなことはお構いなしだから、昔から伝えられたままに、道路をものともせずに横断して移動を続けるのだ。なぜなら、それが万葉の時代、いやそれよりもはるか遠い昔から、ヒキガエルたちに受け継がれてきた儀式だからである。

毎年、毎年、春の初めにヒキガエルたちは池を目指す。

森と池とを行き来する生活は、もう何代も、何十代も、何百代も、何千代も前の祖先から、受け継がれてきたものである。だから、ヒキガエルたちはどんな障害があろうと、生まれた池を目指すのである。

とはいえ、車が行き交う道路をのそのそと渡るヒキガエルは、さすがに危なっかしい。

ヘッドライトが、暗い道路を照らすと、無数のヒキガエルたちの姿が浮かび上がる。そして、猛スピードで走り抜ける車のタイヤが、ヒキガエルのすぐ横をかすめてゆくのである。

しかし、ヒキガエルはひるむことはない。避けることもなく、逃げることもなく、ただただひたすらに故郷の池を目指して進んでゆく。ヒキガエルたちは、進む先に

ある池のことしか頭にないのだ。

一台去ったと思えば、また次のヘッドライトが近づいてくる。車がギリギリでかわしても、また次のヘッドライトが路面を照らす。

ぐしゃ。

一匹のヒキガエルが、車に轢かれたようだ。

押しつぶされた内臓のすべてが、ヒキガエルの大きな口から道路に散乱した。

ここまでどれほどの距離を歩いてきたのだろう。池まであと、どれくらいの距離だったのだろう。

しかし、これでそのヒキガエルはすべてが終わりである。

後には月だけが残された。それですべてがおしまいである。

22 ▼ 蓑を出ることなく生涯を閉じるメス

ミノムシ（オオミノガ）

ある離島を訪ねたときのことである。

半日も歩けば一周できてしまうような小さな島だったが、その島に住む一人のおばあさんの話が旅人であった私を驚かせた。

驚くことに、そのおばあさんは、生まれてから一度も島を出たことがないというのだ。そして、おばあさんは、島への定期船が出ている港町のことを、本土と呼んでいた。

おばあさんは、この小さな島で生まれ、島から出ることなく一生を終えようとしている。おばあさんにとっては、小さな島が世界のすべてなのである。

おばあさんの話を聞いたとき、私はなぜかミノムシのことを思った。

ミノムシは別名を「鬼の子」という。

ミノムシは鬼に捨てられた子どもで、粗末な蓑（みの）を着せられているというのだ。そして、秋風が吹く頃になったら迎えに来るから、それまで待っているようにと鬼に言われたのだという。そのため、秋風が吹くとミノムシは、「父よ、父よ」と父親を慕ってはかなげに鳴くというのだ。

ただし、実際にはミノムシが鳴くことはない。「チチヨ、チチヨ」と鳴くのは、コオロギの仲間であるカンタンである。カンタンは木の上で鳴くため、昔の人たちはミノムシが鳴いていると勘違いしたのである。

ミノムシは枯れ葉や枯れ枝で巣を作り、その中にこもって暮らしている。このようすが、粗末な蓑を着ているように見えることから、「蓑虫（みのむし）」と名付けられた。

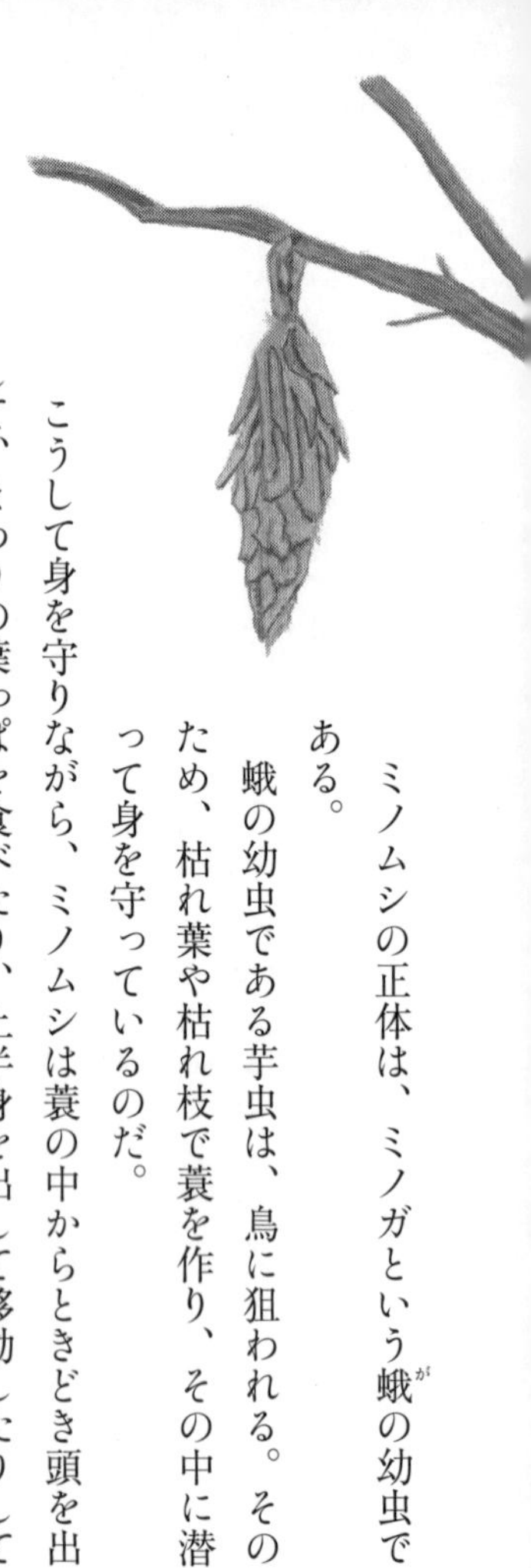

ミノムシの正体は、ミノガという蛾の幼虫である。

蛾の幼虫である芋虫は、鳥に狙われる。そのため、枯れ葉や枯れ枝で蓑を作り、その中に潜って身を守っているのだ。

こうして身を守りながら、ミノムシは蓑の中からときどき頭を出して、まわりの葉っぱを食べたり、上半身を出して移動したりして暮らしている。そして冬になる前に蓑を枝に固定して、蓑の中で冬を越すのである。

冬を越して春になると、ミノムシは蓑の中でさなぎになり、成虫になって蓑の外に出てくる。そして、パートナーを求めて飛び立つのである。

しかし、巣の外へと出てくるのはオスのミノムシだけである。

ミノムシのメスは、春になっても巣の外に出てくることはない。巣の中でさなぎになり、成虫になるが、その後も巣の中に留まる。そして、頭だけを出して、成虫となったオスのミノムシをフェロモンで呼び寄せながら、パートナーであるオスが飛んでくるのをじっと待ち続けるのである。

巣の外には危険があふれている。巣の中にいれば安全なのだ。

成虫となってもさなぎの中に留(とど)まるメスは、翅(はね)も足もなく、ウジ虫のような姿をしている。翅を使って空を飛ぶことは、多大なエネルギーを必要とする。そんな翅を持つよりも、少しでも体を太らせてたくさんの卵を産む方がいいのだ。

こうして、ミノムシのメスは巣の中で生涯の大半を過ごすのである。

メスのいる蓑を見つけたオスは、蓑の中に腹部を入れて、さなぎの中にいるメスと交尾する。これで終わりである。オスとメスはお互いの顔を見ることもなく、交わるのである。かつて万葉の時代に、高貴な女性は簾中(れんちゅう)にいて男性に顔を見せなかったと言われているが、まさにミノムシのメスは、平安の美女のようだ。

オスにとっては、美しく雅なひと時。そして、この儀式が終わるとオスは死んでしまうのだ。

残されたメスは、蓑から出ることはなく蓑の中に卵を産む。そして、静かに生涯を終えるのである。

蓑の中で幼虫が生まれ出る頃には、メスのむくろはすっかり干からびてしまい、蓑の外へと落ちてゆくのである。これがミノムシのメスの最期である。

やがて幼虫たちは、蓑の外に出て、糸を伸ばして垂れ下がり、風に乗って新たな場所を目指して飛んでゆくのである。いつかこの子どもたちもどこかで蓑を作るのだろう。

蓑から出ることのないメスのミノムシ……

私は島のおばあさんのことを思った。

小さな島から出ることのなかったおばあさんにとって、人生とは何だったのだろう。

しかし、と私は思う。

私の人生もまた似たようなものだ。私も小さな町でほとんどの日を過ごし、小さな島国からほとんど出ることはない。たまに海外旅行に出かけるからといって、世界の何を知っているわけでもない。限られた人たちと会い、自宅と職場を往復して毎日を暮らしている。私の人生も、ミノムシのメスと何ら変わらないのではないか。

小さな巣の中にも幸せはある。

ミノムシのメスは、巣の中に生まれ、生涯の大半を巣の中で過ごし、巣の中で一生を終える。それでよいではないか。

春になれば巣の中で卵からかえった幼虫は、蓑から外に這い出て糸を垂らし、風に乗って飛ばされていく。そして、新たな土地で小さな蓑を作り、その中で生涯を閉じる。
それでもミノムシのメスは、十分に幸せなのではないだろうか。
そう思えるのである。

23 ▼ クモの巣に餌がかかるのをただただ待つ

ジョロウグモ

この物語の主人公は、一匹のメスのジョロウグモである。

このジョロウグモは、公園の片すみにある木陰に巣を張っていた。

彼女の母親であるメスグモは、秋の終わりに卵を産むと死んでしまった。これがジョロウグモの宿命である。春になると卵から生まれた子グモたちは、枝の先などに上っておしりから長く糸を出し、その糸で風に乗り、大空を目指して飛び立っていくのである。タンポポの種子が綿毛で新天地を目指すように、クモの子どもたちも、大空を移動するのだ。

その旅の詳細については、無口な彼女から聞かなければわからない。クモの移動距離は一〇〇メートル程度とも言われているが、数千メートルもの上空で飛んでいるクモの子どもが観察されることもあるというから、もしかしたら、映画さながらの大冒険だったかもしれない。

こうして、この場所にやってきたメスのジョロウグモは巣を張り、獲物を獲って暮らしているのだ。

それにしてもクモというのは、気の毒な存在である。

巣を張り巡らせ、他の昆虫を餌にするクモは、人間たちからいつも悪者扱いされる。

昆虫を擬人化したり、人間が小さくなって昆虫の世界に迷い込んだりした物語では、クモはいつも凶悪なモンスターだ。誤ってクモの巣に引っかかった昆虫や仲間を助けようと、登場人物たちは、みんなで力を合わせる。そして、クモに食べられる寸前の危機一髪のところをクモの巣を引きちぎって脱出させるのである。それで、めでたしめでたしである。

しかし、考えてみればひどい話だ。騒動の後に残されたクモは空しい。せっかくの獲物に逃げられたうえに、大切な巣まで破壊されてしまうのだ。

クモは、じっと獲物が巣にかかるのを待ち続ける。

一日中待ち続けても、獲物がかからないことなど当たり前だ。何日かに一度、餌にありつければ幸運と言えるだろう。長いときでは、一カ月以上も何も食べずに、ひたすら待ち続けなければならないこともある。

そのため、クモは絶食に耐えられるようになっており、エネルギーを節約するために動くことなくじっと待ち続けるのである。

物語の主人公であるメスのジョロウグモは孤独であった。

獲物は一向にかからない。今日も何も起こらなかった。次の日も何も起こらなかった。しかし、彼女は来る日も来る日も獲物を待ち続けていた。

彼女は孤独である。

しかし、彼女自身がひとりぼっちだと思い込んでいるだけで、本当のことを言えば、彼女は孤独ではない。

クモの巣の中央で目立っているのは、すべてジョロウグモのメスである。

ジョロウグモの巣を見ると、メスのまわりに数匹の小さなクモが見つかる。じつはこのクモたちがジョロウグモのオスなのである。ジョロウグモの大きさは大人のメスの胴体が二〜三センチメートルあるのに対して、大人のオスの胴体は一センチメートル程度しかない。この小さなオスたちは、子どものうちはそれぞれ小さなクモの巣を張って暮らしているが、夏になって大人になるとメスの巣へと集まり、そこに息を潜めながら居候(いそうろう)するのである。

ジョロウグモのオスは、メスよりも一足早く大人になって生殖能力を持つ。メスの巣に潜み、メスが成体となり生殖能力を持つようになると、すぐに交尾をするのである。

やがて秋の終わりになると、メスのジョロウグモは卵を残し、その子どもたちはまた大空の旅に出るのである。それがクモの生活史なのだ。

それにしても獲物がかからない。

ジョロウグモは待ち続けていた。

彼女はあせることはない。いらつくこともない。

彼女は、じっと待ち続けていた。

今日も、何事も起こらなかった。しかし、そんなことでめげていては、クモとして生き抜くことはとてもできない。彼女にできるのは、待ち続けることだけなのである。

次の日も、次の日も彼女は待ち続けた。

ときどき、小さなオスの餌にはなりそうな小さな虫がかかってオスたちは空腹を満たしているようだが、そんな小さな虫では大きな体の彼女の餌にはならない。

もう何日、待ち続けていたことだろう。

ある穏やかな日の午後のこと……

勢いよく飛んできたトンボが、彼女の巣にかかった。

糸の振動で獲物を感じた彼女は、目にもとまらぬ速さで首尾よく獲物に襲いかかり、吐き出した糸で、トンボを動けないようにぐるぐる巻きにした。

もう待ちくたびれていてもおかしくないのに、驚くべき瞬発力である。

まさに、あっという間の出来事。調子よく飛んでいたトンボにとっては、一寸先は闇と言ったところだろう。

彼女にとっては、本当に久しぶりのご馳走(ちそう)、そして、これがその憐れなトン

ボの最期だったのである。

死とはあっけないものである。死とはある日突然、訪れる。

それはジョロウグモにとっても、同じである。

昆虫にとっては恐ろしい存在のクモも、鳥にとっては餌にすぎない。スズメやカラスに襲われて、逃げることもできずに餌食になるジョロウグモも多いのだ。

食うものも食われるものも誰もが必死に生きている。それが自然界である。

捕えたトンボを食べていると、オスがあわてて彼女に近づいてきた。ジョロウグモのメスにとっては、動くものはすべてが獲物である。交尾のためにやってきたオスもまた、彼女にとっては獲物でしかない。オスにとっては、メスに不用意に近づけば食べられてしまう。そのため、メスが餌に気を取られているうちに、交尾をすませるのである。やがて、彼女のお腹の中には新しい命が宿ることだろう。

秋も深まった頃。

鳥に襲われて命を落とすジョロウグモも多い中で、幸い彼女は生き延びていた。他のオスが彼女に横恋慕するのを防ぐためだろうか。彼女のパートナーとなったオスも、巣に留まっていた。

これが生命の力なのだろうか。命を宿した彼女の縞模様は、輝くように鮮やかであった。秋の終わりから冬の初めにかけて、ジョロウグモのメスは、巣から木の幹などに移動して卵を産む。そして、枯れ葉などで卵を覆い隠すのである。卵を産んで力尽きてしまうからなのか、卵を必死に守ろうとしているからなのか、卵を抱きかかえるように死んでしまうジョロウグモも少なくない。

しかし、卵を産んだ後のジョロウグモの行動はそれぞれである。巣に戻ることなく行方知れずになってしまうものもいる。巣に戻って、そこを終の棲家にするものもいる。

いずれにしても、寒さに弱いジョロウグモは冬を越すことができない。卵を産み終えたジョロウグモにとっては、残りの時間はゆっくりと自分の生涯を噛みしめる余生なのだろうか。

彼女は巣に戻った。気温が下がり、冬が迫ってくる。

天気予報は、週末の寒波の到来を告げていた。

24 ▼ 草食動物も肉食動物も最後は肉に

シマウマとライオン

驚くべきことに、シマウマの赤ちゃんは生まれて数時間で立ち上がり、しばらくすると、飛び回ったり、走ったりするようになる。

人間の赤ちゃんが立ち上がってヨチヨチ歩きをするのに一年程度かかることと比べると、驚異的な早さである。

こんなにも早く立ち上がるのは、立ち上がって走らなければ生きていけないからである。

生まれたばかりの赤ちゃんだからといって、ライオンのような肉食獣が手加減してくれるわけではない。むしろ、ちょうどよい獲物を見つけたとばかりに、生まれたてのシマウマに狙いを定めて襲ってくる。

生まれたシマウマのうち、ほとんどのものが、大人になるまでに肉食獣の餌食になってしまう。幸いにも逃げ延びたものだけが生き残っていくのだ。

もちろん、大人になったからといって安心はできない。

少しでも注意を怠ったものは肉食動物の餌食になる。一瞬の油断が命取りとなるのだ。そして、少しでも足の遅いものは、逃げ遅れて、食われていく。

より注意深く、より足の速いものだけが生き残ることができるのだ。

こうして、シマウマは進化を遂げてきた。

人間は、遠い未来にどのような進化を遂げるかが語られることがある。頭脳が発達し頭でっかちになったり、運動をしないので、手足が細くなったりする。

しかし、そのような進化が起こることは、まずないだろう。

わずかでもその環境に適したものが生き残り、わずかでも適さなかったものは滅びてゆく。この適者生存が進化の原動力である。頭の大きいものが生き残り、頭の小さいものは死に絶えてゆくという過酷な時代になれば、もしかすると人間の頭は巨大化していくかもしれない。しかし、人間の世界はそうではない。過酷な生存競争があって初めて、進化は引き起こされるのだ。

シマウマの世界に「老衰」という言葉はない。

走力に秀でたシマウマはライオンに簡単に狩られることはないが、年齢を重ね、少しでも走る能力が劣ったり体調を崩したりすれば、ライオンの格好の餌食にされてしまう。

シマウマにとって安楽な死はない。

ライオンは倒したシマウマにとどめを刺すが、息のあるまま食べてしまうこともある。ライオンに襲われたシマウマは何とか体を動かそうとするが、ライオンは生きたままやわらかい内臓から食べていくのである。

幸運にもライオンに襲われなかったとしても、病気やケガで弱ったシマウマのまわりには、ハゲタカたちが集まってくることだろう。シマウマが死ぬのを待ちきれないハゲタカたちは、まだ息のあるシマウマの肉をついばみ始める。ハゲタカたちが一斉に襲いかかれば、シマウマの巨大な体は瞬く間に骨だけになってしまう。

どう転んでも、最後は食われて死ぬ。それがシマウマの生き方である。

シマウマは動物園での寿命は三〇年程度と言われるが、野生条件での寿命ははっきりとはわからない。シマウマに老衰はない。その前に食べられてしまうからだ。

「天寿を全うする」

そんな幸せな死は、シマウマの世界にはないのだ。

ライオンは百獣の王と呼ばれている。

ライオンは、来る日も来る日もシマウマたちを襲い続ける。

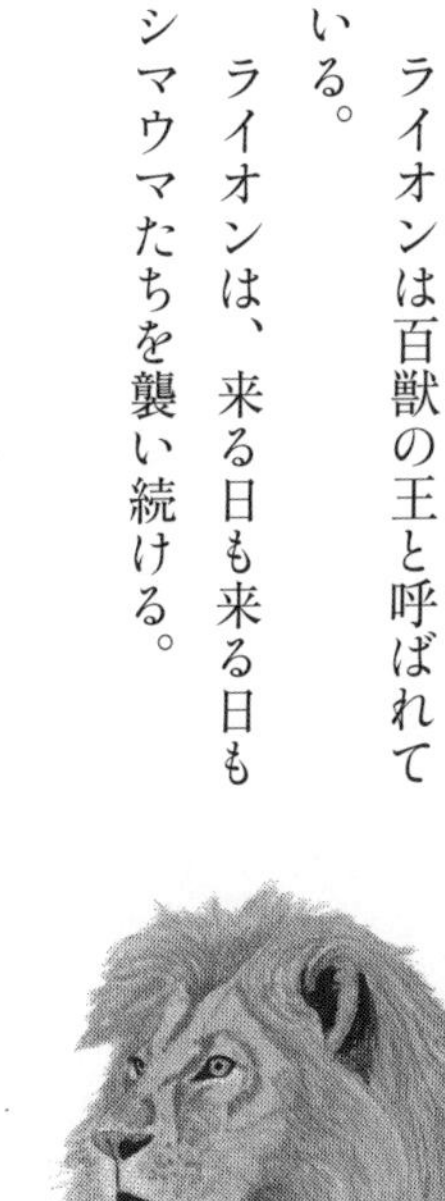

シマウマを捕えて満足しても、悲しいかな、百獣の王とはいえ、やがて腹は減る。

シマウマを襲うのはライオンのメスである。ライオンの強いオスは群れを守り、餌を獲るためのなわばりを確保している。そのオスに守られながら、メスたちは集団で狩りをしてシマウマなどを捕えるのである。

しかし、シマウマもやられっぱなしではない。命がけで全速力で走るシマウマの群れをつかまえることは、ライオンにとって簡単ではない。実のところ、狩りは失敗することの方が多いのだ。

草食動物も身を守るためにそれなりに進化を遂げてきた。ライオンにとって、ゾウやサイの小さな子どもは餌になるが、大人には太刀打ちできない。もし、ゾウやサイの大人に見つかれば、反撃されてライオンの方が殺されてしまうかもしれないのだ。

バッファローやヌーなどのウシ科の草食動物たちは、角を発達させて、ライオンを威嚇する。ライオンたちは子どもを狙うが、子どもを守るバッファローの角に突き上げられ、場合によっては角で突き刺されて命を落とすことさえあるのだ。

ライオンに命を狙われ続ける草食動物も大変だが、他の動物を捕えて食べなければ死んでしまう肉食動物も大変である。ライオンにとっても、狩りは命がけなのである。

狩りの失敗が続き、獲物がなければライオンもまた飢えてしまう。犠牲になって最初に死んでしまうのは、幼い子どものライオンだ。

シマウマなどの草食動物は、一回の出産で一頭の子どもを産む。しかし、ライオンは一回の出産で二〜三頭の子どもを産む。たくさんの子どもを産むということは、ライオンの子どもの方が生き残る確率が低いということなのだ。

必死に身を守ろうとするシマウマの後ろ足に蹴られて、ケガをしてしまうメスのライオンもいる。ケガや病気で動けなくなったライオンは、もう餌を獲ることもできず、どんどん弱っていく。そしてケガや病気、空腹に耐えながら、やがて来る死を待つだけになってしまうのだ。

オスのライオンもまた同じである。

強いオスは、群れのリーダーとして君臨する。しかし、力のないオスは、群れを追い出される。これがライオンの世界の掟だ。

王者たるリーダーも永遠ではない。年老いて衰えを見せれば、若いオスに群れを乗っ取られ、追い出される。そして、悲しいことに……王の血を引く子どものライオンたちも、新しい王に殺されてしまう。王の血を守ることは容易ではないのだ。

追い出された王は、どうなるのだろう。

ライオンのメスが集団でシマウマを襲うのは、狩りがそれだけ難しいということでもある。

百獣の王と呼ばれ、力のあるライオンのオスであっても、一頭で狩りをすることは簡単ではない。できることはハイエナの食べ残した死肉を食い漁るくらいだ。追い出され、群れを離れたオスは満足な食事もできず、やがて飢えて動けなくなる。

自然界は弱肉強食。食うか食われるかの世界である。

力を失ったライオンは、もはや食われる存在でしかない。

ハイエナやジャッカル、ハゲタカたちは飢えたライオンが力尽きるのをじっと待っている。

ライオンは動物園では三〇年程度生きると言われるが、野生では一〇年も生きられないと言われている。

百獣の王であるライオンにとってさえも、安楽な死はない。王としての強さを失ったときが、ライオンにとっては「死」なのである。

そしてライオンもまた、食われて死んでゆく。それが自然界の掟なのである。

25 ▼ 出荷までの四、五〇日間

ニワトリ

クリスマス・イブ。世の中はクリスマスムード一色に包まれる。

幸せな食卓を彩るご馳走（ちそう）が、オーブンの中でこんがりとローストされたチキンである。

ニワトリたちにとっては、まったくの厄日である。この夜のために、いったいどれだけの鶏が命を落とし、オーブンの中で荼毘（だび）に付されていることだろう。

ニワトリは、私たちの生活にとってもっとも身近で手軽な食材の一つである。

一般的な鶏肉の価格は、一〇〇グラムで数十〜一〇〇円程度と安い。そして、これがニワトリたちの命の値段だ。

ニワトリは今、世界で二〇〇億羽が飼育されているという。世界の人口が約七八億人だから、人間の二・五倍以上もの数のニワトリが飼われている計算になる。

生きたまま首を切られて死ぬ。
それが、彼らの死に方である。

鶏肉は「若鶏」とラベルされて売られていることが多い。若鶏というのは、生まれてひと月ちょっとのニワトリの肉である。人間に肉を食べられるために改良されたブロイラーと呼ばれるニワトリは、生後四、五〇日で出荷される。これが、若鶏である。

人間は経済活動をする動物である。こんなに短い期間で出荷できるのだから、人間にとっては、経済効率の良いじつにありがたい食糧と言えるだろう。

それにしても、ニワトリたちの生涯はあまりに短い。

卵からかえって数日経ったニワトリのヒナは、鶏舎に入れられる。この世に生を受けた彼らの住まいとなるのは、ウィンドレス鶏舎と呼ばれる、窓のない鶏舎である。

窓のない鶏舎には、外から光が入ることがなく、中は真っ暗である。こうして、暗くすることで、ニワトリたちは運動しなくなり、効率よく大きくすることができるのだ。

暗い鶏舎の中は、餌のまわりだけほのかな灯りが灯されている。

外から鶏舎の中に入って辺りを見回しても、最初のうちは目が慣れずに何も見ることはできない。それでも次第に目が慣れてくると、ほのかな灯りの中でボーッと白いものが浮かび上がってくる。

その白いものこそが、ニワトリである。見渡す限り、鶏舎の中はニワトリたちで埋め尽くされている。そしてニワトリたちは動き回ることもなく、暗闇の中で立ちすくんでいるのだ。

鶏舎の中に占めるニワトリたちの密度は、一般に、一平方メートルあたり一七羽ほどとされているから、一つの鶏舎だけで何万羽というニワトリが棲んでいることになる。地方の市や町の人口と同じくらいの数のニワトリが、この小さな鶏舎の中にいるのである。

ニワトリたちは動くこともない。騒ぐこともない。

この鶏舎の中で、彼らにできることは、栄養価の高い餌を食べ続け、太ることだけである。

そんな毎日が続いた、ある日の朝……。

突然、鶏舎のドアが開かれる。

出荷である。

ニワトリたちは、次々とつかまれて、狭いカゴの中に押し込められていく。あるものは、生まれて初めて力いっぱい羽をばたつかせ、あるものは生まれて初めて力の限り声を荒らげる。

そして、ニワトリたちは……生まれて初めて、このとき眩しいほどの太陽の光を見るのだ。

これが、ニワトリたちがこの世に生を受けて、わずか四、五〇日目の出来事である。

家禽（かきん）であるニワトリは、東南アジアの森林地帯に生息する野鶏（やけい）という野鳥が原種である。森の中で木から木へと飛び回る鳥を改良して、飛ばないニワトリが作られたのである。

野鶏の寿命は一〇年から二〇年であると考えられている。

生まれて四、五〇日で殺されるブロイラーの正確な寿命を知るものはいない。しかし、改良されたブロイラーも、その寿命は五年から一〇年以上はあるのではないかと考えられている。

しかし、ブロイラーたちにとって、寿命などどうでもよい話である。何しろ彼らは、わずか四、五〇日で死ぬことを宿命づけられた鳥なのだ。

ブロイラーは効率よく成長できるように改良が進められている。ブロイラーが体重一キロを増やすのに必要な餌の量は、わずか二キロ強というから驚きだ。彼らが生きるために費やしたエネルギーはわずか一キロ。食べた餌の半分が消費されることなく、肉となっていくのだ。

こうして技術が発達することによって、ブロイラーは、出荷までの期間が見る見る短縮されてきた。そしてブロイラーたちのこの世で生きることを許された時間も、見る見る削られてきたのである。

生きたままカゴにぎゅう詰めにされたニワトリたちは、運送中にカゴの中で圧死してしまうものも多いという。何とか苦しみに耐えて生き残っても、行く末はけっして明るいものではない。彼らがたどりつく先は、食鳥処理場である。

カゴから出されて存分に息ができるようになったと思う間もなく、彼らはコンベアに吊るされ、順番に機械の中へと運ばれてゆく。食鳥処理場は、今では全自動化された工場である。人間が何もしなくても、機械の先からは、丸々とした肉の塊が順番に並んで現れる。この工場の中で、ニワトリの命が次々に奪われているのである。

生きたまま首を切られて死ぬ。
それが彼らの死に方である。

生きたまま首を切るのはかわいそうと、最近では電気の流れる水槽に逆さ吊りのまま頭をつけられて、気絶させてから首を切るという方法が推奨されている。

食べられゆく動物たちにも、死ぬ瞬間までよりよく生きるという権利が認められつつあるのだ。

私たちは食べることなしに生きてゆくことはできない。
聖なる夜に、幸せな食卓にチキンが並べられる。
その裏では、今日も、多くのニワトリたちが命を奪われているのである。

26 ▼ 実験室で閉じる生涯

ネズミ

古い時代に人々は、「人間は死ぬと動物に生まれ変わる」と信じていた。輪廻転生（りんねてんしょう）である。

しかし、そのような古い思想に縛られるべきではないと考えたフランスの哲学者デカルトは、人間が魂を持つのに対して、動物は心を持たない単なる機械にすぎないという「動物機械論」を唱えた。そして、心を持つ人間は、動物を機械のように利用してよいと主張し、まるで機械を分解するように、イヌを麻酔することなく解剖したのである。

また、哲学者カントは、「動物には自意識がなく、単に人間のために存在する」と唱えた。

古くは旧約聖書に、神が「すべての生物を支配せよ」と人間に言われたと記されている。さらには、これらの哲学者のもっともらしい説明によって、人々は、動物を思うがままに利用できるようになった。そして、生きたままの動物を使った実験を行うことができるようになり、その後、医学や科学は著しく発展を遂げるのである。

彼らは太陽というものを見ることはない。

彼らは実験室の中で生まれ、実験室で死んでゆく。

彼らというのは、実験用のマウスのことである。

ミッキーマウスで知られているように、英語ではネズミのことをマウスと言う。ただし、日本では、特に実験用に飼育されているネズミがマウスと呼ばれている。

実験用のマウスは、ハツカネズミが用いられる。

ハツカネズミは、「二十日ねずみ」である。二十日の語源は明確ではないが、一説には妊娠期間が二十日であることに由来していると言われている。それくらい妊娠期間が短いのだ。ハツカネズミは一年のうちに五～一〇回程度も妊娠を繰り返して、一回に五、六匹の子どもを産む。そして、生まれた子どもは数カ月で成熟し、妊娠する。こうして次々に増えることができるのである。まさに「ネズミ算」の言葉どおりだ。

ハツカネズミは飼育条件下では二年程度生きると言われているが、野生では数カ月しか生きられないという。何しろ、自然界にはネズミの天敵は多い。ヘビやフクロウ、イタチなど、さまざまな生き物がネズミを餌にする。そのため、食べられても食べられても、次々に繁殖できるように進化しているのだ。

この次々に生まれ、あっという間に成長して死んでゆくという性質が、実験動物として適しているのである。

人間の行うあらゆる実験に用いられるのが、彼らの仕事である。あるものは薬物を投入され、あるものは電気ショックを与えられ、あるものは体中に電極をつけられている。

身動きが取りづらいケージに押し込められ、場合によっては動けないように拘束される。生きたまま解剖されることもある。

当然だが、安全性を確認するためのテストは、安全かどうかわからない未知のものが試される。あるものは副作用で体

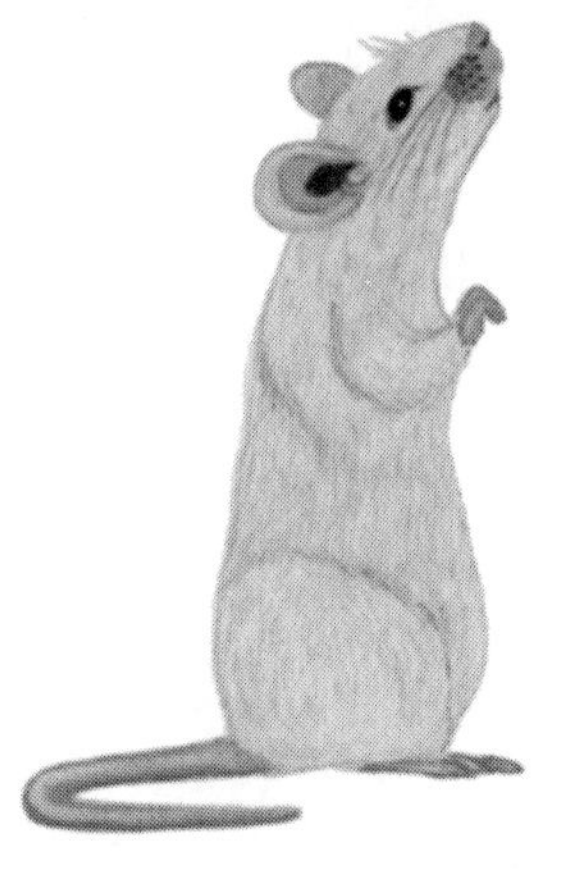

のあちらこちらが膨れ上がり、あるものは毒性のために体中の毛が抜け落ち、もだえ苦しむ。

危険性を確認するためのテストでは、致死量を明らかにしなければならない。死なければ、さらに薬が与えられ、それでも死ななければ、新たな処理が行われる。そして苦しみながら死んでゆくようすが記録されていくのだ。

彼らは実験動物である。

死ぬことが彼らの仕事なのである。

実験動物はペットではない。

実験動物を取り扱うときには、一切の感情が障害となる。「かわいそう」だと思えば、実験を遂行できない。すべての感情をなくして、実験動物と向き合うことが人間には求められるのだ。

デカルトやカントらが主張したように、動物には心はないのかもしれないし、何の感情もないのかもしれない。

しかし、人間が哺乳類（ほにゅう）の一員として進化を遂げてきたと考えれば、脳が作り出す心や感情は人間だけが特別に獲得したものではなく、他の哺乳類もそれに近い心や感情を発達させていると考えることもできる。

あるいは、動物たちの思考や行動がすべて本能によるものなのだとしたら、私たち人間が抱くさまざまな感情も、結局は、本能の一種にすぎないのかもしれない。

本当のことは、誰にもわからないのだ。

私たち人類にとって、生命はあまりに謎に満ちている。

命の謎を解明するためには、生命の犠牲が必要だ。

実験動物たちの犠牲によって、人間はまた一歩、生命の謎に迫ることができる。そして、彼らのおかげで、新薬が開発され、人間たちはますます長生きできるようになるのである。

27 ▼ ヒトを必要としたオオカミの子孫の今

イヌ

イヌはもともと、野生のオオカミの仲間を飼い慣らしたものである。しかし、オオカミは肉食の猛獣である。どのようにしてオオカミは人間のパートナーとなったのだろうか。

オオカミは群れを作って行動する。リーダーや順位が上の強いオオカミは、群れや家族を守るために極めて攻撃的である。しかし、群れの中での順位の低いオオカミは、リーダーに対して従順でおとなしい。そんなおとなしいオオカミが、現在の飼い犬の祖先なのである。

イヌが人間と暮らすようになったのは、人間がヤギやヒツジなどの草食動物を飼って牧畜を始めるよりも、ずっと前のこととされている。牧畜の起源が一万年前であるのに対して、イヌは一万五〇〇〇年ほど前の旧石器時代にはすでに人間と共に暮らしていたと推測されているのである。

とはいえ、「人間がオオカミを飼い慣らした」というイヌの起源には謎が多い。

もともと人類にとって、オオカミなどの肉食獣は恐るべき外敵であったはずである。そもそも、どうして、そんな恐ろしい肉食獣を飼い慣らそうとしたのだろうか。

しかも、イヌを飼うということは、イヌに限られた食糧を分け与えなければならない。狩猟採集の時代、人間とオオカミは獲物をめぐって競い合う関係にあった。食糧になるような動物を飼うのであれば話はわかるが、人類が犬を飼わなければならない理由は見当たらないのだ。

他にも謎はある。そもそもイヌがいなくても人間は狩りができた。人類がイヌを必要とする理由はなかったのである。

最近の研究では、人間がイヌを必要としたのではなく、最初はイヌが人間を求めて寄り添ってきたと考えられている。イヌの祖先とされるおとなしいオオカミたちは群れの中での順位が低く、食べ物も十分ではないし単独で狩りをする力にもとぼしい。そこで、人間に近づき、食べ残しをあさるようになったのではないかというのである。

人間側にとっても、イヌは狩りの獲物を追いたてたり、外敵を警戒して見張りをしてくれたりして、狩りの効率化に役に立つことが多かった。

こうして、人間とイヌとはパートナーとして共に暮らすようになったのである。

そして、一万年以上の時が過ぎた。

今や、時代はペットブームである。

イヌは獲物を獲ることはない。番犬として吠えることも少ない。イヌの多くは、愛玩犬として人間にかわいがられることを主な仕事としている。

日本には、子どもの数よりもイヌやネコの数が多いと言われるほどのペットが住んでいる。イヌがこんなに繁栄した時代はないだろう。まさにペットたちの天国である。

ペットショップでは比較的手に入れやすい値段でかわいい子犬が売られ、まるでおもちゃを選ぶかのようにして、毎日たくさんのイヌが買われていく。

愛玩犬であるイヌたちに求められるのは「かわいらしさ」である。

生後間もない子犬のうちに売れなければ、売れ残りとなる。

売れ残りたちに待っている運命は、殺処分である。

幸いにして買われていったイヌたちも、大きくなれば買ってきたときのような子犬のかわいらしさは失われていく。すると中には……おもちゃのように飽

きられて、必要とされなくなってしまうイヌもいる。

そんなイヌは「動物愛護センター」へと譲渡(じょうと)される。「愛護」や「譲渡」という言葉で説明されているが、そこですべてのイヌたちが愛護されることはない。何しろ、毎日毎日たくさんのイヌたちが、飼い主に見捨てられて送り込まれてくる。そんなイヌたちのすべてを愛護することはできないのだ。

そしてイヌたちは、二酸化炭素ガスによって安楽死させられる。安楽死とは言っても、狭い部屋に押し込められ、酸素を奪われる窒息死である。

イヌとネコを合わせると、日本だけで年間約三万頭が殺処分されているという。

人間をパートナーとして選んだイヌは、もはや人間なしには生きてゆくことができない。そして、これが、人間をパートナーとして選んだ動物が今、置かれている実情なのである。

28 ▼ かつては神とされた獣たちの終焉　ニホンオオカミ

英国ロンドンの大英博物館に、一体のニホンオオカミの毛皮と骨が標本として保存されている。

このオオカミは明治三八年（一九〇五年）に、奈良県の山中で捕獲されたものである。

英国の調査団として日本を訪れていたアメリカの動物学者、マルコム・アンダーソンは、奈良県の東吉野村（ひがしよしの）に滞在しているときに、猟師から若い雄のオオカミの死体を持ち込まれた。

このオオカミは、猟師の罠（わな）にかかって撲殺（ぼくさつ）されたものである。

このとき持ち込まれたオオカミが、我が国におけるニホンオオカミの最後の記録である。

マルコム・アンダーソンはこのオオカミの死体を猟師から八円五〇銭で買い取った。もっともこのオオカミは、死後日数が経っており、肉は腐敗していた。そのため、毛皮と骨のみが英国へと送られた。これが現在、大英博物館に保存されている標本なのである。

ニホンオオカミは江戸時代から明治の初めには、北海道を除く全国に生息していたという。北海道には、ニホンオオカミとは別の亜種であるエゾオオカミがいた。

エゾオオカミの記録は、日本オオカミより早い明治二九年（一八九六年）が最後となる。この年に、函館の毛皮商によってエゾオオカミの毛皮が扱われたというのが、エゾオオカミの最後の記録である。

今ではニホンオオカミもエゾオオカミも、絶滅してしまった。絶滅した生き物は、二度と元には戻らない。永遠にいなくなってしまったのだ。

オオカミの名は「大神」に由来するように、かつてオオカミは神として崇(あが)められていた。

かつての日本では、オオカミが人を襲うことはめったになく、それほど恐ろしい動物とは考えられていなかった。むしろオオカミは、畑を荒らすシカやイノシシを退治してくれる役に立つ動物だったのである。

実際に、山間地ではオオカミを祀(まつ)る神社もあ

る。オオカミは本当に神さまだったのだ。

しかし、そんなオオカミの地位は、明治時代になると一変する。牧畜が盛んな西洋では、ヒツジを襲うオオカミは害獣である。赤ずきんやオオカミと七匹の子ヤギなどの童話に描かれたとおりである。

オオカミが悪者というこの考え方が、文明開化によって西洋文明とともに日本にもたらされたのである。実際に日本でも牧畜が行われるようになり、オオカミが家畜を襲うことがあったのかもしれない。

もちろん、それだけで神さまであったオオカミが悪者にされてしまったわけではない。

明治時代になると、オオカミは人間を襲い危害を加えるようになった。それはなぜだろうか。

江戸時代中期、西洋との文物の交流を通じて長崎に狂犬病が持ち込まれた。

そして、明治期になるとしばしば狂犬病が流行するようになり、野生のオオカミの間にも蔓延（まんえん）していったのである。

狂犬病にかかったイヌは凶暴になり、人に咬（か）みつくようになるが、これはオオカミも同じである。狂犬病のオオカミに咬まれた人間は、狂犬病に感染し、なす術もなく死んでしまう。何しろ狂犬病は、医療の進んだ現代でも、咬まれた後、発症前にワクチンを接種しなければ、致死率はほぼ一〇〇パーセントなのである。オオカミに咬まれた人が次々に死んでいく現実を前に、当時の人々は恐怖におののいたことだろう。

こうして人々はオオカミを憎むようになり、全国でオオカミが駆除されていくのである。

それにしても、オオカミはあまりに急激に減少し、絶滅の道をたどっていく。明治二〇年にはまだ各地で目撃されていたオオカミが、明治三〇年代にはほとんど姿を消してしまっているのだ。

じつは、西洋からもたらされたものが、もう一つあった。それが、ジステンパーという伝染病である。外国からもたらされた新しい病気に対して、ニホンオオカミは免疫を持たない。そのため、伝染病の蔓延によってニホンオオカミは次々に姿を消していったのではないかと考えられているのである。

もちろん、記録に残る最後のニホンオオカミが、最後の一頭というわけではない。

罠にかかり撲殺されたのは若いオオカミであった。オオカミは群れで行動するから、このオオカミには仲間がいたかもしれない。仲間たちは、その後どうなったのだろう。

数が減りゆく中で、オオカミたちは必死に生き残ろうとしたはずである。しかし、オオカミは生きる道を見出すことはできなかった。

そしてついに、最後の一頭が倒れ、ニホンオオカミはこの世から姿を消したのである。

本当の最後の一頭がどの場所で、どのように死んだのか、人間たちは知る由もない。こうして人知れず、かつてこの国の神であった最後のニホンオオカミは、完全に姿を消したのである。

29 ▼ 死を悼む動物なのか　ゾウ

「象の墓場」という伝説がある。

ゾウは死期を感じると、群れを自ら離れ、「象の墓場」と呼ばれる場所へ向かう。そして、たくさんのゾウの骨や牙(きば)が散乱する象の墓場に横たわり、静かに死を迎えるというのである。

このようにゾウは、自分の最期を他のゾウたちに決して見せないと言い伝えられてきた。

もっとも、これは実際には誤りである。

ゾウは地上で最大の動物である。ゾウの中でも大型のアフリカゾウは、その大きさは七メートルを超え、体重は六トンを超える。これほど巨体であるにもかかわらず、サバンナではゾウの死体がまったく目撃されなかったことから、このような伝説が生まれたのである。また、象牙（ぞうげ）を密猟するハンターたちが、大量の象牙を売りさばくために、この伝説を巧みに利用したとも言われている。

ゾウの死体が発見されないのには、理由がある。

ゾウの寿命は七〇年ほどと言われている。動物の中では相当な長寿である。そのため、ゾウの死そのものが珍しい。

さらには、サバンナの乾いた大地では、多くの生き物たちが腹を空かせている。ゾウの死体があれば、最初はハイエナたちが、その厚い皮を食い破り、肉を食い漁る。すると、その穴にハゲタカたちが集まり、肉をむさぼり食う。こうして、ゾウの大きな体は、見る見るうちに骨だけになるのである。やがて骨も風化し、すべてが土に還（かえ）る。そのため、人間がゾウの死体を見ることはなかったのである。

ただ、研究が進んだ現在では、ゾウの死体は観察されている。

象の墓場は単なる伝説だったのだ。

ゾウの研究が進むにつれて、ゾウは死を認識しているのではないかと考えられるようになった。仲間のゾウの死を悼むようすが見られるというのである。

たとえば、死んだ仲間のゾウの体を起こそうとしたり、食べ物を与えようとしたりするという。また、仲間をと

むらうかのように、土や木の葉を死体の上にかけたりする行動が観察されているというのだ。

本当にゾウは死を認識しているのだろうか。

ゾウは頭が良く、共感力の強い動物であると言われている。

ゾウは、メスと子どもたちとで群れを作る。そして、お互いに複雑なコミュニケーションを取りながら、群れの中で助け合って暮らしていることが知られている。ケガをしたり、トラブルにあったゾウには協力して手助けするし、慰め合ったり、ケンカしては仲直りしたりするという。

そのようすは、まるで人間と変わらないように見える。ゾウが頭の良い動物だと言われれば、そのとおりにも思える。

ゾウに知性はあるのだろうか。ゾウは共感しているのだろうか。

それは、わからない。

人間だけが特別な感情を持つ動物なのだろうか。

それとも、私たち人間が勝手に擬人化して見れば、感情があるように見えるだけなのだろうか。


「死」についてはどうだろう。

ゾウは本当に「死」を理解しているのだろうか。

人間が勝手に「悲しそうにしている」と意味づけしているだけなのかもしれない。

もしかすると、ただ、動かない仲間の世話をしているだけかもしれないし、動かなくなった仲間が不思議なだけかもしれない。

あるいは、まったく意味のない本能の行動なのかもしれない。

しかし……と私は思う。

それでは、私たち人間は「死」を理解しているのだろうか。

死とは何なのだろうか？

人間は、死んだらどうなるのだろうか？

それは誰にもわからない。「死」は、私たち人間にとってさえも不思議なことなのである。

ゾウは死を悼む動物であると言われている。

もしかしたら、ゾウたちの方が、死ぬことについては、私たち人間よりも知っているのかもしれない。生きることの意味も、より知っているのかもしれない。そして、私たちよりも深く死を悼んでいるかもしれないのである。

ゾウから見れば、人間も死を悼む生物である。

しかし、「死」を前にすれば、人間でさえ無力である。

万物の霊長を自負し、科学技術万能の時代に生きる私たちにとっても、死を前にできることは限られている。愛すべき人が息もせず、永遠に動かなくなってしまった現実を前にすれば、私たち人間にできることもまた、ただただ悲しむことだけなのである。

＊本書は、二〇一九年に当社より刊行した著作を文庫化したものです。

草思社文庫

生き物の死にざま

2021年12月8日　第1刷発行
2022年2月24日　第2刷発行

著　者　稲垣栄洋
発行者　藤田　博
発行所　株式会社 草思社
〒160-0022　東京都新宿区新宿1-10-1
電話　03(4580)7680(編集)
　　　03(4580)7676(営業)
http://www.soshisha.com/

本文組版　鈴木知哉
印刷所　中央精版印刷 株式会社
製本所　中央精版印刷 株式会社
本体表紙デザイン　間村俊一

ISBN978-4-7942-2550-4　Printed in Japan

草思社文庫既刊

犬たちの明治維新
ポチの誕生

仁科邦男

幕末は犬たちにとっても激動の時代の幕開けだった。外国船に乗って洋犬が上陸し、多くの犬がポチと名付けられる…史料に残る犬関連の記述を丹念に拾い集め、犬たちの明治維新を描く傑作ノンフィクション。

猫がドアをノックする

岡野薫子

子猫のホシは、ひとり、階段を昇ってやってくる。まるで、この私だけが頼りだというふうに――(本文より)。四世代にわたる猫の家族との生活をともにした著者が綴る不思議に満ち満ちた猫との日常。

猫には猫の生き方がある

岡野薫子

岡野家でともに暮らした猫たちの成長とぬくもり、そして別れをたどる物語。母猫コロとその息子たちを中心としたオムニバス方式。前作『猫がドアをノックする』の続編。猫たちの写真とイラスト多数掲載。

草思社文庫既刊

ジャレド・ダイアモンド　R・ステファフ＝編著　秋山　勝＝訳

若い読者のための第三のチンパンジー

人間という動物の進化と未来

『銃・病原菌・鉄』の著者の最初の著作を読みやすく凝縮。チンパンジーとわずかな遺伝子の差しかない「人間」について様々な角度から考察する。ダイアモンド博士の思想のエッセンスがこの一冊に！

ジャレド・ダイアモンド　倉骨　彰＝訳

銃・病原菌・鉄（上・下）

なぜ、アメリカ先住民は旧大陸を征服できなかったのか。現在の世界に広がる格差、を生み出したのは何だったのか。人類の歴史に隠された壮大な謎を、最新科学による研究成果をもとに解き明かす。

ジャレド・ダイアモンド　楡井浩一＝訳

文明崩壊（上・下）

繁栄を極めた文明はなぜ消滅したのか。古代マヤ文明やイースター島、北米アナサジ文明などのケースを解析、社会発展と環境負荷との相関関係から「崩壊の法則」を導き出す。現代世界への警告の書。